DEUTSCHE AKADEMIE DER WISSENSCHAFTEN ZU BERLIN

Veröffentlichungen des Instituts
für Geodynamik Jena

Herausgegeben vom Direktor O. Meißer

Heft 3

Methodische und apparative Entwicklung magneto-tellurischer Verfahren mit Anwendung auf die Tiefenerkundung im Bereich der norddeutschen Leitfähigkeitsanomalie

Von

Gottfried Porstendorfer

Mit 30 Abbildungen und 2 Tabellen

AKADEMIE-VERLAG · BERLIN

1965

Erschienen im Akademie-Verlag GmbH, 108 Berlin, Leipziger Straße 3—4

Lizenznummer: 100/590/65
Kartengenehmigung: Nr. 128/65
Gesamtherstellung: VEB Druckerei „Thomas Müntzer", 582 Bad Langensalza
Bestellnummer: 2004/3 · ES 18 E 2 · Preis: MDN 19,50

Inhaltsverzeichnis

Vorwort

Die Arbeit von Herrn Dr. habil. G. Porstendorfer stellt einen zusammenfassenden Bericht seiner durchgeführten Arbeiten der letzten Jahre dar. Es haben dabei folgende Einrichtungen mitgewirkt:

das Institut für Angewandte Geophysik der Bergakademie Freiberg

die vormalige Arbeitsstelle für Praktische Geophysik der Forschungsgemeinschaft der DAdW, Freiberg

und nach der Zusammenlegung

das Institut für Geodynamik der Forschungsgemeinschaft der DAdW, Jena.

Jena, im Juni 1965 O. Meißer

1 Kurzreferat

Die Arbeit stellt zunächst ausgehend vom internationalen Stand, den Erfahrungen der Sowjetunion sowie eigenen Messungen und Bearbeitungen die Grundlagen und Anwendungsmöglichkeiten der Magneto-Tellurik zusammen. Hierbei wurden Wege zur Kartierung der Längsleitfähigkeit der Sedimente bis zu einer hochohmigen Basis (kristallines bzw. metamorphes Grundgebirge) und der Teufe bis zu einer sehr gut leitenden Schicht in der tieferen Erdkruste bzw. im oberen Erdmantel gezeigt. Zur Auswertung von magneto-tellurischen Messungen über anisotropen und inhomogenen Medien wird eine Methode angegeben, die auf der Erzeugung von Vektordiagrammen aus Magneto-Tellurogrammen mittels Rückspielanlage beruht. Zur Aufnahme der magnetischen Komponenten in elektrischer Fernregistrierung durch die Tellurikapparatur wurden hochpermeable Induktionsspulen sowie Mikrovariometer mit photoelektrischer Rückkopplung entwickelt, die im Periodenbereich > 1 s die magnetischen Variationen mit Genauigkeiten von $\pm 10^{-2}\,\gamma$ aufnehmen können. Die Geräte wurden bei praktischen magneto-tellurischen Untersuchungen auf der Insel Rügen eingesetzt. Die Interpretation der dort durchgeführten Sondierungen mittels 5-Schichtkurven führte, gestützt auf elektrische Bohrlochmessungen, zur Angabe des Verlaufes des hochohmigen Grundgebirges in einem N-S-Schnitt durch die Insel Rügen. Außerdem konnte eine sehr gut leitende Schicht innerhalb des hochohmigen Grundgebirges ermittelt werden, die in Übereinstimmung mit entsprechenden gravimetrischen und magnetischen Anomalien an einen Tiefenkörper gebunden sein könnte. Abschließend wird aus den durchgeführten magnetotellurischen Untersuchungen auf eine Deutungsmöglichkeit des anomalen Verhaltens geomagnetischer Baystörungen in Norddeutschland durch die Wirkung der sehr gut leitenden Sedimente des Norddeutsch-Polnischen Sedimentationsbeckens hingewiesen.

2.1 Aufgaben- und Problemstellung der geophysikalischen Tiefenerkundung mit dem natürlichen elektromagnetischen Erdfeld

Die Notwendigkeit zur geophysikalischen Erkundung sehr tief liegender Erdöllagerstätten führte in den letzten Jahren zu einem verstärkten Einsatz elektrischer Methoden für diese Problemstellung [19].

Zwischen diagenetisch verfestigten Sedimenten und dem kristallinen bzw. metamorphen Grundgebirge bestehen auf Grund der unterschiedlichen Porenvolumina oft Unterschiede der spezifischen Widerstände um mehrere Zehnerpotenzen. Zur Sondierung der Grenzfläche beider Gesteinsarten, die sich z. T. unter einer mehrere Kilometer mächtigen Sedimentdecke verbirgt, versagen Gleichstrommethoden auch bei Verwendung extrem großer Elektroden- bzw. Dipolabstände, wenn hochohmige Zwischenlager die Information aus großen Tiefen abschirmen. Die Schwingungen des natürlichen elektromagnetischen Erdfeldes mit Perioden von Bruchteilen einer Sekunde bis zu etwa einer Stunde gestatten dagegen nach dem Gesetz des Skineffektes Rückschlüsse auf die Leitfähigkeit um so tiefer liegender Gesteinspartien, je höher die Periode der Variationen ist.

Darüber hinaus können in Gebieten mit nicht zu mächtiger gutleitender Sedimentbedeckung auch Informationen über Leitfähigkeitsänderungen in der tieferen Erdkruste bzw. im oberen Erdmantel gewonnen werden, wobei das aufzunehmende

Periodenspektrum u. U. bis in den Bereich von Stunden, Tagen, Wochen oder Monaten ausgedehnt werden muß.

Die Verfahren zur Ausnützung des natürlichen elektromagnetischen Erdfeldes für Erkundungszwecke bedienen sich dabei unterschiedlicher Methoden.

Zurückgehend auf Ideen von C. Schlumberger (1919) wurde die „tellurische Methode“ der Aufnahme der elektrischen Feldstärke in bezug auf eine gleichzeitig registrierende Basisstation ausgearbeitet. Die Tellurik erzielte bei der Kartierung lokaler hochohmiger Strukturen in Sedimentgebieten gute Erfolge und wurde auch in der DDR unter Erschließung neuer Einsatzmöglichkeiten angewandt [34, 47]. In Ungarn wird sie in letzter Zeit für Probleme der Untersuchung des Leitfähigkeitsverlaufes in tieferen Schichten der Erdkruste mit eingesetzt [2]. Die moderne Entwicklungsrichtung auf diesem Gebiet ist gekennzeichnet durch die Berücksichtigung der Periodenabhängigkeit des tellurischen Feldes [2, 23, 5].

Die systematische Analyse langperiodischer magnetischer Feldanteile erbringt nach den Pionierarbeiten von Rikitake [39] in aller Welt Hinweise auf Leitfähigkeitsanomalien im oberen Erdmantel. Auch in Deutschland zeigen nach den ersten Arbeiten von Wiese [51] und Fleischer [13] besonders die Vertikalkomponenten von Baystörungen ein anomales Verhalten. (Norddeutsche Leitfähigkeitsanomalie.) Für die über das gesamte Periodenspektrum laufenden Untersuchungen hat sich der Name „erdmagnetische Tiefensondierung“ eingebürgert [43].

Besonders erfolgreich hat sich seit den ersten Ideen von Tichinov [48] und Cagniard [7] die „magneto-tellurische Methode“ entwickelt. Sie gestattet bei gleichzeitiger Ausnützung der elektrischen und magnetischen Feldanteile die Bestimmung quantitativer Werte der Leitfähigkeit als Funktion der Tiefe und wird heute sowohl für Aufgaben der praktischen Lagerstättenforschung als auch zur Erkundung des oberen Erdmantels eingesetzt.

2.11 Grundlagen der Magneto-Tellurik

Es werde angenommen, daß die Quellen der natürlichen elektromagnetischen Variationen weit außerhalb der Erde liegen und eine ebene harmonische elektromagnetische Welle auf eine gleichförmig horizontal geschichtete Erde (x—y-Ebene) mit den Schichtmächtigkeiten h_j und den spezifischen Widerständen ϱ_j einfalle. Die z-Richtung wird positiv nach unten gezählt. Ausgehend von den MAXWELLschen Gleichungen kann man zeigen [4], daß dann im elektromagnetischen cgs-System unter Vernachlässigung von Verschiebungsströmen in jeder Schicht gilt

$$\frac{\partial^2 E_x}{\partial z^2} = k_j^2 E_x , \qquad H_y = \frac{1}{i\,\omega} \frac{\partial E_x}{\partial z} , \tag{1}$$

$$k_j^2 = -\frac{4\,\pi\, i\, \omega}{\varrho_j} \cdot \mu_j , \qquad \omega = \frac{2\,\pi}{T} . \tag{2}$$

E	= elektrische Feldstärke [em cgs]	1 mV/km = 1 em cgs
H	= magnetische Feldstärke [em cgs]	1 γ = 10^{-5} em cgs
T	= Periode [em cgs]	1 s = 1 em cgs
ϱ	= spezifischer Widerstand [em cgs]	1 Ωm = 10^{11} em cgs
μ	= magnetische Permeabilität	
i	= $\sqrt{-1}$	
j	= Index der Schicht	
x, y, z	= Koordinaten [em cgs]	1 km = 10^5 em cgs

Eine Abschätzung zeigt, daß für alle Gesteine $\mu = 1$ gesetzt werden kann. Eine wesentlich über 1 hinausgehende Permeabilität zeigt nur Magneteisenstein (maximal $\mu = 13$). Die Lösungen der Gl. (1) lauten in jeder Schicht

$$E_{xj} = A_j\, e^{-k_j z} + B_j\, e^{+k_j z} ,$$

$$H_{yj} = \frac{k_j}{i\,\omega} (B_j\, e^{+k_j z} - A_j\, e^{-k_j z}) , \tag{3}$$

$$A_j,\, B_j = \text{Konstante} .$$

Unter Berücksichtigung der Stetigkeitsbedingungen an den Grenzflächen erhält man nach einer zuerst von LIPSKAJA angegebenen Formel für die Impedanz Z des elektromagnetischen Feldes an der Erdoberfläche über einem n-schichtigen Medium

$$Z_1(0) = \frac{E_{x_0}}{H_{y_0}} = -\frac{i\,\omega}{k_1} \operatorname{cth}\left[k_1 h_1 + \operatorname{arcth}\left\{\frac{k_1}{k_2} \operatorname{cth}\left[k_2 h_2 + \operatorname{arcth}\left\{\frac{k_2}{k_3} \operatorname{cth}\left[k_3 h_3 + \cdots + \operatorname{arcth}\frac{k_{n-1}}{k_n}\right]\right\} + \cdots\right]\right.\right. . \quad (4)$$

Aus dem Betrag der Impedanz

$$|Z| = \sqrt{(Re\,Z)^2 + (Im\,Z)^2}\,, \quad (5)$$

$$Re = \text{Realteil}\,,$$

$$Im = \text{Imaginärteil}$$

der dem Verhältnis der Variationsamplituden $\frac{E_{x_0}}{H_{y_0}}$ entspricht, gewinnt man den scheinbaren spezifischen Widerstand nach der Formel

$$\varrho_s = 2 \cdot T \cdot |Z|^2\,. \quad (6)$$

Die Phasenvoreilung von E_x gegenüber H_y erhält man aus

$$\varphi = \operatorname{arctg}\left(\frac{(Im\,Z)}{(Re\,Z)}\right). \quad (7)$$

2.111 Magneto-tellurische Sondierung

Nach Programmierung der Formel (4) für elektronische Rechenmaschinen [31] lassen sich beliebige n-Schichtfälle mit vorgegebenen Parametern $\frac{\varrho_j}{\varrho_1}$ und $\frac{h_j}{h_1}$ berechnen. In der Sowjetunion liegt ein Atlas von 260 3-Schichtfällen in tabellarischer Form vor [50], und in der DDR wurde ein Atlas von 54 4-Schichtfällen und 17 5-Schichtfällen fertiggestellt [31].

Die Musterkurven bringt man wie folgt zur Darstellung:

Scheinbarer spezifischer Widerstand ϱ_s	Phase φ
logarithm. Ordinate $\frac{\varrho_s}{\varrho_1}$	lineare Ordinate $\varphi = \varphi_E - \varphi_H$
logarithm. Abszisse $\frac{\lambda_1}{h_1} = \frac{\sqrt{\varrho_1 \cdot T}}{h_1}$	logarithm. Abszisse $\frac{\lambda_1}{h_1} = \frac{\sqrt{\varrho_1 \cdot T}}{h_1}$
Bezugspunkt $\frac{\lambda_1}{h_1} = 3{,}16$; $\frac{\varrho_s}{\varrho_1} = 1$	Bezugspunkt $\frac{\lambda_1}{h_1} = 3{,}16$; $\varphi = \frac{\pi}{4}$

Die experimentell aufgenommene Sondierungskurve wird in demselben Logarithmenpapier wie folgt zur Darstellung gebracht (vgl. Abb. 27):

Scheinbarer spezifischer Widerstand ϱ_s	Phase φ
logarithm. Ordinate $\varrho_s\,[\Omega\text{m}] = 0{,}2\left(\frac{E_x\,[\text{mV/km}]}{H_y\,[\gamma]}\right)^2 \cdot T\,[\text{s}]$	lineare Ordinate $\varphi = \varphi_E - \varphi_H$
logarithm. Abszisse $\sqrt{T[\text{s}]}$	logarithm. Abszisse $\sqrt{T[\text{s}]}$

Die experimentell aufgenommenen Kurven werden mit den Musterkurven zur Deckung gebracht. Die Koordinaten des Bezugspunktes der Musterkurve auf der experimentell aufgenommenen Kurve sind dann

$$\varrho_s = \varrho_1\,[\Omega\text{m}] \quad \text{und} \quad \sqrt{T} = \sqrt{T_0}\,[\text{s}]\,.$$

Daraus folgt:

$$h_1\,[\text{km}] = \sqrt{T_0\,[\text{s}]} \cdot \sqrt{\varrho_1\,[\Omega\text{m}]}\,. \tag{8}$$

Da die Werte $\frac{\varrho_j}{\varrho_1}$ und $\frac{h_j}{h_1}$ für die Musterkurven vorgegeben sind, folgen daraus die Daten für den ganzen Schichtkomplex.

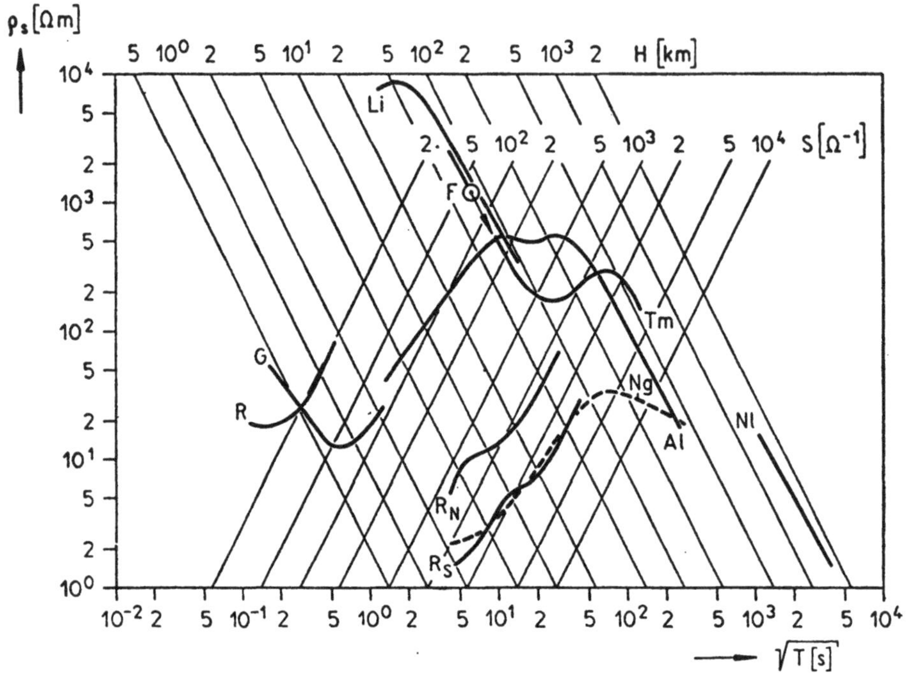

Abb. 1. International vorliegende magneto-tellurische Sondierungen mit Linien gleicher Längsleitfähigkeit S [Ω^{-1}] über einer hochohmigen Basis und Linien gleicher Teufe H [km] bis zur sehr gut leitenden Basis. Nach Vorlagen von FOURNIER [14], ECKHARDT [10] sowie eigenen Messungen umgezeichnet

ϱ_s	=	Scheinbarer spezifischer Widerstand		
T	=	Periode		
R	=	Rylsk (Ukraine)	UdSSR	1960 VLADIMIROV
Al	=	Alušta (Krim)	UdSSR	1961 TICHONOV u. a.
Li	=	Littleton (Mass.)	USA	1960 CANTWELL u. a.
G	=	Garchy	Frankreich	1962 FOURNIER u. a.
Tm	=	Tamanrasset	Algerien	1962 GRENET u. a.
Ng	=	Niemegk	DDR	1962 WIESE
R_N	=	Nordrügen	DDR	1963 SACHWEH
R_S	=	Südrügen	DDR	1963 PORSTENDORFER
F	=	Freiberg	DDR	1963 PORSTENDORFER
Nl	=	Spektralanalyse von magnetischen Stationswerten für eine 13,5tägige Periode und eine 6monatige Periode		1963 ECKHARDT u. a.

Die Phasenkurven verwendet man nur zur Kontrolle. Sie bringen grundsätzlich keine neue Information. Besonders interessant ist das asymptotische Verhalten der Sondierungskurven für genügend große Perioden im Falle eines sehr schlecht leitenden Substrates bzw. eines sehr gut leitenden Substrates [49]. Unabhängig von der Widerstandsverteilung in den darüber lagernden Schichten steigen dann die Endäste der Sondierungskurven gegen die Abszisse unter einem Winkel von 63,5° ($\varrho_n \to \infty$) bzw. fallen um 63,5° ab ($\varrho_n \to 0$). Aus den Schnittpunkten $\sqrt{T_0}$ der verlängerten Äste mit der Linie $\varrho_s = 1\ \Omega\text{m}$ gewinnt man die Längsleitfähigkeit

$$S\,[\Omega^{-1}] = \sum_{j=1}^{n-1} \frac{h_j\,[\text{m}]}{\varrho_j\,[\Omega\text{m}]} \tag{9}$$

der Sedimente bis zur hochohmigen Basis

$$S\,[\Omega^{-1}] = 356 \cdot \sqrt{T_0\,[\text{s}]} \tag{10}$$

bzw. die Teufe H [km] bis zur gutleitenden Basis

$$H\,[\text{km}] = 0{,}356 \cdot \sqrt{T_0\,[\text{s}]}\,. \tag{11}$$

In Abb. 1 wurden die Linien gleicher S- bzw. H-Werte eingetragen.

Befindet sich also eine elektromagnetische Variation im Periodenbereich der asymptotischen Endäste, so genügt prinzipiell die Ablesung der zu dieser Periode gehörigen E- und H-Amplituden, um daraus die Längsleitfähigkeit des Sedimentpaketes bzw. die Teufe bis zur gutleitenden Basis bestimmen zu können. Diesen Umstand macht sich die magnetotellurische Kartierung zunutze.

2.112 Magneto-tellurische Kartierung

Die magneto-tellurische Kartierung der Längsleitfähigkeit über einer hochohmigen Basis hat besonders Berdičevskij [4] entwickelt.

Bezeichnet man mit $\bar{h}$ die Teufe bis zur hochohmigen Basis, so kann man ein Periodenintervall

$$10\,\frac{\bar{h}^2}{\varrho_e} < T < 4{,}5\,\frac{\bar{h}^2}{\varrho_e^2}\cdot\varrho_n\,, \tag{12}$$

$\bar{h}$ [km] = Teufe bis zur hochohmigen Basis,

ϱ_e [Ωm] = Spezifischer Längswiderstand $= \dfrac{\bar{h}\,[\mathrm{m}]}{\sum\limits_{j=1}^{n-1} \dfrac{h_j\,[\mathrm{m}]}{\varrho_j\,[\Omega\mathrm{m}]}}$

ϱ_n [Ωm] = Spezifischer Widerstand der hochohmigen Basis definieren, für das sich die Längsleitfähigkeit nach der Formel

$$S\,[\Omega^{-1}] = 796\left(\frac{1}{Z\left[\dfrac{\mathrm{mV/km}}{\gamma}\right]} - \sqrt{\frac{T\,[\mathrm{s}]}{10\,\varrho_n[\Omega\mathrm{m}]}}\right), \tag{13}$$

bestimmen läßt.

Ist ϱ_e aus Sondierungen oder Bohrlochmessungen bekannt, so läßt sich daraus die Teufe bis zur hochohmigen Basis nach der Formel

$$\bar{h}\,[\mathrm{m}] = \varrho_e\,[\Omega\mathrm{m}]\cdot S\,[\Omega^{-1}] \tag{14}$$

berechnen.

2.12 Anwendungsgebiete der Magneto-Tellurik

Der große Umfang der Anwendungsmöglichkeiten der Magneto-Tellurik wird aus Abb. 1 ersichtlich, in der unter Verwendung von Vorlagen von Fournier [14], Eckhardt [10] sowie eigener Messungen und Bearbeitungen besonders typische Grenzfälle von Sondierungskurven für ein Periodenintervall von 10^{-2} s bis 6 Monaten ausgewählt wurden. Aus den eingetragenen Linien gleicher Längsleitfähigkeit bis zur hochohmigen Basis und den Linien gleicher Teufe bis zur gutleitenden Basis kann man sofort die Widerstandsverteilung im Sedimentbereich und im oberen Erdmantel abschätzen. Verwendet man außerdem Daten künstlicher Tiefensondierungen [37], so kommt man zu der in Abb. 2 gegebenen schematischen Widerstandsverteilung im oberen Erdmantel.

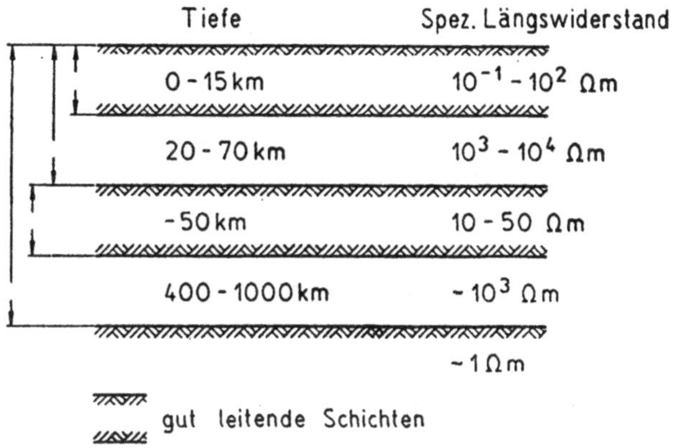

Abb. 2. Widerstandsverteilung im oberen Erdmantel nach künstlichen Tiefensondierungen und magnetotellurischen Sondierungen

Während die Kartierung der ersten Grenzfläche von Bedeutung für die Abschätzung der Sedimentmächtigkeit in der Erdölprospektion ist, spielt die Verfolgung von gut leitenden Zonen in Teufen $>$ 10 km im Internationalen Upper-Mantle-Project eine große Rolle. Man darf sich hierbei wertvolle Ergänzungen zu entsprechenden tiefenseismischen sowie magnetischen und gravimetrischen Untersuchungen versprechen. Zur Umgehung der abschirmenden Wirkung gutleitender Sedimentgebiete ist die Durchführung magneto-tellurischer Sondierungen im Bereich anstehenden Grundgebirges besonders zu empfehlen.

2.2 Lösungswege zur Aufnahme und Auswertung magneto-tellurischer Variationen

Zur Aufnahme magneto-tellurischer Variationen mit Perioden über 1 s benötigt man Apparaturen, die die in der Größenordnung von 10^{-2} bis 10^{2} mV/km liegenden elektrischen und die in der Größenordnung $10^{-2}\,\gamma$ bis $10^{2}\,\gamma$ liegenden magnetischen Wechselfelder aufzunehmen gestatten. Während zur Registrierung der elektrischen Komponenten in der DDR bereits Tellurik-Apparaturen zur Verfügung stehen [34, 47], mußten geeignete magnetische Aufnahmeelemente im Rahmen dieser Arbeit erst entwickelt werden. Die magnetischen Felder sollten dabei in elektrische Signale umgewandelt werden, um sie in Fernregistrierung zusammen mit den elektrischen Feldern mit der vierspurigen Tellurik-Apparatur aufnehmen zu können. Hierbei stehen drei Wege zur Verfügung:

1. Hochpermeable Induktionsspulen [8, 21];
2. Variometer mit photoelektrischer Rückkopplung [6, 42];
3. Elektronenpräzessionsmagnetometer [10, 16].

Mit allen 3 Magnetometern kann man im Bereich der Pulsationen Empfindlichkeiten von ca. $\pm\, 10^{-2}\,\gamma$ erzielen, wobei die Elektronenpräzessionsmagnetometer nur Variationen des Totalfeldes aufnehmen und deshalb für Untersuchungen über anisotropen und inhomogenen Medien nicht geeignet sind. Die Entwicklung im Rahmen dieser Arbeit beschränkte sich auf die ersten beiden Möglichkeiten.

Die international bisher durchgeführten magneto-tellurischen Sondierungen zeigen, daß die Annahme eines ideal horizontal geschichteten Mediums in den wenigsten Fällen gerechtfertigt ist. Meist ergeben sich ausgeprägte, von der Periode abhängige Kanalisierungen der elektrischen und magnetischen Horizontalkomponenten [15] und das Auftreten einer magnetischen Vertikalkomponente.

Die Auswertung von magneto-tellurischen Messungen unter solchen Bedingungen wurde vor allem von Adam [1] und in der Sowjetunion [36] untersucht. Den mathematischen Zusammenhang mit vorgegebenen inhomogenen und anisotropen Medien behandelten Kunetz [9], Berdičevskij [3] und Obuchov [32].

Im Falle einer magneto-tellurischen Anisotropie besteht zwischen den magnetischen und elektrischen Horizontalkomponenten ein Zusammenhang der Form

$$\begin{aligned} E_x &= a \cdot H_x + b \cdot H_y\,, \\ E_y &= c \cdot H_x + d \cdot H_y\,. \end{aligned} \qquad (15)$$

a, b, c, d = komplexe Koeffizienten.

Die Existenz einer für jeden Meßpunkt invariablen, nur vom Untergrund abhängigen magnetischen Polarisationsebene [52, 45, 17] gestattet weiterhin, zu schreiben

$$H_z = e\,H_x + f\,H_y \qquad (16)$$

e, f = komplexe Koeffizienten.

Gleichung (15) kann man in tensorieller Schreibweise darstellen:

$$\mathfrak{E} = Q\,\mathfrak{H} \qquad (Q) = \begin{pmatrix} a & b \\ c & d \end{pmatrix} \qquad (17)$$

$\mathfrak{E}$ = Elektrischer Horizontalfeldvektor
$\mathfrak{H}$ = Magnetischer Horizontalfeldvektor
Q = Abbildungstensor.

Die Impedanzwerte für zueinander senkrechte elektrische und magnetische Komponenten sind dann nur in Richtung der Hauptachsen des Tensors Q definiert.

Die Determinante

$$|Q| = \begin{vmatrix} a & b \\ c & d \end{vmatrix} = |a\,d - b\,c| \qquad (18)$$

ist eine invariable Bodenkenngröße und stellt das Produkt der Impedanzwerte in den Hauptachsen dar.

Mit

$$\sqrt{|Q|} = Z_{\text{eff}} \tag{19}$$

erhält man eine „effektive Impedanz" als geometrisches Mittel der Impedanzwerte in den beiden Hauptachsen.

Nimmt man ein elliptisch polarisiertes horizontales magnetisches Primärfeld $\mathfrak{H}_P$ an, so kann man das nach der Beziehung

$$\mathfrak{H}_P = H_P \cdot \mathfrak{e}_0 (\omega t) \tag{20}$$

(H_P) = Matrix des elliptisch polarisierten Primärfeldes

auf einen umlaufenden Einheitsvektor $\mathfrak{e}_0$ beziehen. Durch den Untergrund tritt eine Verzerrung des Primärfeldes auf [34], so daß das tatsächlich gemessene Feld der Beziehung

$$\mathfrak{H} = H_P \cdot R_M \cdot \mathfrak{e}_0 (\omega t) = H \cdot \mathfrak{e}_0 (\omega t) , \tag{21}$$

$(H) = (H_P) \cdot (R_M)$

R_M = Magnetischer Feldverzerrungstensor

H = Tensor der „temporären magnetischen Feldellipse"

gehorcht.

Unter Benutzung von Gl. (17) kann somit das gemessene Feld $\mathfrak{E}$ dargestellt werden in der Form

$$\mathfrak{E} = Q \cdot H \cdot \mathfrak{e}_0 (\omega t) = E \cdot \mathfrak{e}_0 (\omega t) , \tag{22}$$

$(Q) = (E) \cdot (H)^{-1}$

Q = Magneto-tellurischer Abbildungstensor

H = Tensor der „temporären magnetischen Ellipse"

E = Tensor der „temporären elektrischen Ellipse".

Geht man zu den Determinanten über, so entsteht der Zusammenhang

$$|Q| = \frac{|E|}{|H|} = \frac{F_E}{F_M} = Z_{\text{eff}}^2 , \tag{23}$$

F_E = Flächeninhalt der elektrischen „temporären Ellipse"

F_M = Flächeninhalt der magnetischen „temporären Ellipse".

Das Quadrat der effektiven Impedanz erhält man also durch Division der Fläche der elektrischen Feldellipse durch die Fläche der magnetischen. In [34] wurde aber gezeigt, daß dies gleichbedeutend mit der Division der Flächen einander zugeordneter elektrischer und magnetischer Vektordiagramme ist, wenn sie in einem Maßstab aufgezeichnet werden, in dem $1\,\gamma = 1$ mV/km entspricht.

Abbildung 3a zeigt einen Ausschnitt aus einem Magneto-Tellurogramm, das unter Verwendung der in Kap. 2.31 beschriebenen hochpermeablen Aufnahmespulen erhalten wurde.

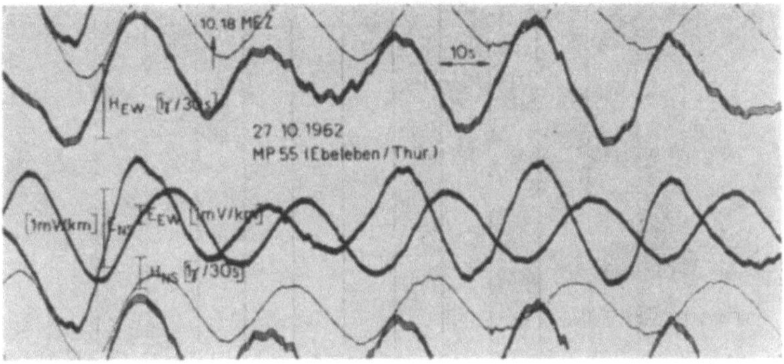

Abb. 3a

Abb. 3b

Abb. 3a, b. Dreimalige Rückspielung einer magneto-tellurischen Pulsation aus einem unter Verwendung hochpermeabler Spulen aufgezeichneten Magneto-Tellurogramm [40].

Einheit auf dem Vektordiagramm 4 mV/km = 4 γ
Elektrische Ellipse: Streichrichtung NW–SE
Magnetische Ellipse: Streichrichtung NE–SW

Bei der Umwandlung der Schwingungen in Vektordiagramme mittels der in Kap. 2.33 beschriebenen Rückspielanlage muß die Phasenverschiebung zwischen 𝕰 und 𝕳 so berücksichtigt werden, daß die Rückspielung an einander zugeordneten Punkten (Extrema) beider Felder beginnt bzw. endet. Abb. 3b zeigt die rückgespielten Vektordiagramme einer magnetotellurischen Pulsation aus dem vorliegenden Tellurogramm.

2.3 Apparative Entwicklungen

2.31 Hochpermeable Induktionsspulen

Unter dem Einfluß eines längs der Spulenachse wirksamen magnetischen Pulsationsfeldes H der Periode T

$$H\,[\gamma] = H_0\,[\gamma] \cdot \sin \omega t \qquad \omega = \frac{2\pi}{T} \tag{24}$$

wird in einer Zylinderspule mit einem hochpermeablen Kern (Abb. 4) eine Spannung

$$U\,[\mathrm{V}] = n\,F\,[\mathrm{cm}^2]\,\mu_{\mathrm{eff}} \cdot H_0\,[\gamma] \cdot \omega \cdot 10^{-13} \sin\left(\omega t + \frac{\pi}{2}\right) \tag{25}$$

induziert.

F = Kernfläche
μ_{eff} = effektive Permeabilität
n = Windungszahl

Abb. 5 zeigt für das im VEB Halbzeugwerke Auerhammer verfügbare hochpermeable Material „Muniperm“ mit einer Anfangspermeabilität von $\mu_A = 10^4$ das Produkt $\mu_{\mathrm{eff}} \cdot F$ [cm²] als Funktion der Kernlänge l [cm], wobei der Kerndurchmesser als Parameter geführt wurde. Die volle Ausnutzung der Permeabilität erzielt man danach nur für langgestreckte Kerne (geringer Entmagnetisierungsfaktor). Andererseits sind in der magneto-tellurischen Feldpraxis Kernlängen über 100 cm zu unhandlich, so daß sich die vorliegende Entwicklung auf Kernlängen von 100 cm beschränkte. Die Abb. 5 zeigt dann, daß größere Kerndurchmesser als 1 bis 2,5 cm keine wesentliche Erhöhung des Produktes $\mu_{\mathrm{eff}} \cdot F$ bringen. In der vorliegenden

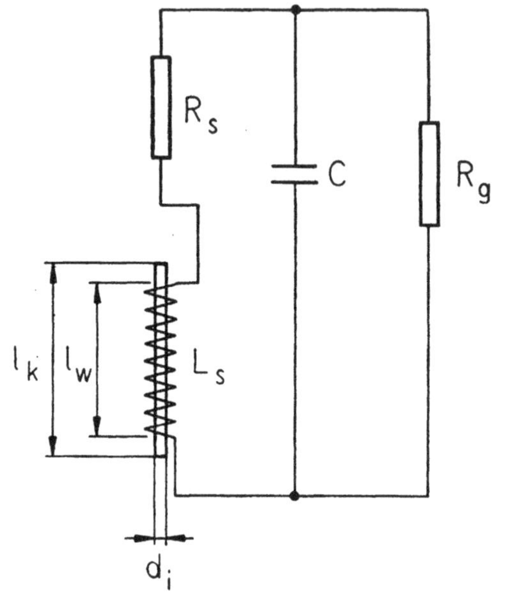

Abb. 4. Ersatzschaltbild bei Anschluß einer hochpermeablen Zylinderspule an einen Verbraucher.

l_K = Kernlänge; l_W = Wickellänge; L_S = Induktivität der Spule
d_i = Kerndurchmesser; R_S = Ohmscher Widerstand der Spule
$C = C_S + C_Z$; C_S = Spulenkapazität
C_Z = Zusatzkapazität; R_g = Verbraucherwiderstand

Entwicklung wurden die Kerne mit einem Durchmesser von 2,5 cm gefertigt, wobei durch Anstücklung bis zu 3 der genannten Kerne eine weitere Erhöhung der Empfindlichkeitsausbeute erzielt werden kann. Als Kernmaterial wurde sowohl Vollmaterial als auch geschichtetes isoliertes Munipermblech (Dicke 0,1 mm und 0,3 mm), sowie gebündelte isolierte Munipermdrähte (Durchmesser 1 mm) verwendet. Bei letzteren beiden Kernarten werden Wirbelstrom- und Hysteresisverluste bei Frequenzen über 1 Hz vermieden. Nach FELDTKELLER [12] läßt sich für hochpermeable Kerne mit

$$40 < \frac{l_k}{d_i} < 200$$

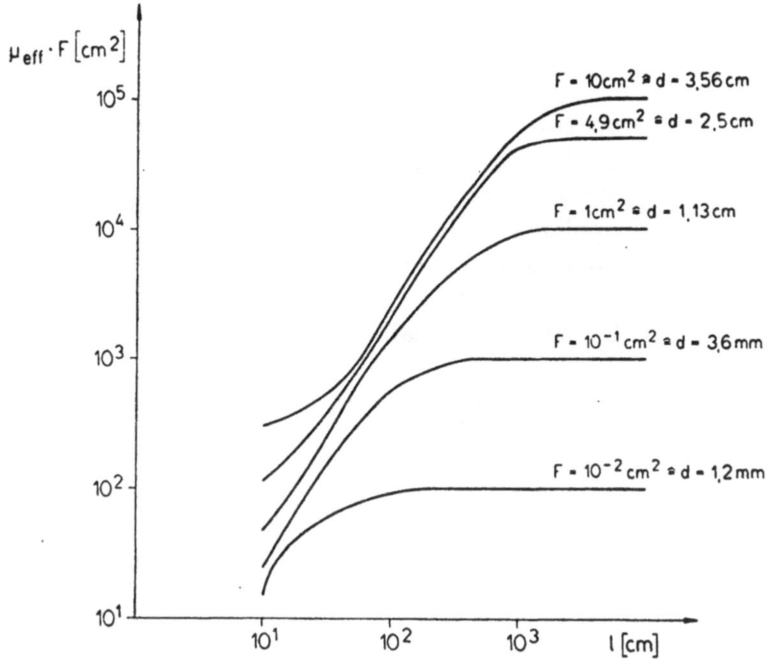

Abb. 5. $\mu_{\text{eff}} \cdot F$ [cm²]-Werte zylindrischer Stäbe aus Muniperm

l = Länge
d = Durchmesser
F = Fläche

die effektive Permeabilität nach der Formel

$$\mu_{\text{eff}} \approx 0{,}25 \frac{l_i^2}{d_i^2} \pm 15\% \tag{26}$$

abschätzen. Sie wird unabhängig von Schwankungen der wahren Materialpermeabilität nur noch von den Kerndimensionen bestimmt.

Belegt man die Spule zylindrisch mit Drahtwindungen, so bekommt sie einen Ohmschen Widerstand

$$R_s\,[\Omega] = 4 \cdot \varrho \cdot \frac{n^2}{l_w} + 4\,\varrho \cdot n\,\frac{d_i}{D_i^2} \tag{27}$$

und eine Induktivität

$$L_s\,[Hy] = 12{,}57 \cdot n^2 \cdot \mu_{\text{eff}} \cdot \frac{F}{l_k} \cdot 10^{-9} \tag{28}$$

ϱ [Ωcm] = Spezifischer Widerstand des Spulendrahtes
d_i [cm] = Spulenkerndurchmesser
l_w [cm] = Wickellänge auf dem Kern
D_i [cm] = Spulendrahtdurchmesser
F [cm^2] = Spulenkernfläche
n = Windungszahl
μ_{eff} = Effektive Permeabilität.

Wird der Spulenkreis durch einen Widerstand R_g abgeschlossen (s. Abb. 4), so entsteht an dessen Klemmen eine Spannung [21]

$$E\,[\text{V}] = \frac{U_0\,[\text{V}]}{\sqrt{\left(1 + \frac{R_s}{R_g} - \left(\frac{\omega}{\omega_0}\right)^2\right)^2 + \left(\frac{\omega}{\omega_0}\right)^2 \left(\frac{1}{R_g}\sqrt{\frac{L_s}{C}} + R_s\sqrt{\frac{C}{L_s}}\right)^2}}\,, \tag{29}$$

$\omega_0 = \sqrt{\frac{1}{L_s \cdot C}}$ = Eigenfrequenz des Schwingkreises.

Die maximale Empfindlichkeitsausbeute E_{max} erzielt man für

$$\omega_{\text{max}} = \omega_0 \sqrt{1 + \frac{R_s}{R_g}}\,, \tag{30}$$

wobei man auf eine kritische Dämpfung des Schwingkreises mit

$$R_g = \frac{L_s}{R_s \cdot C + 2\sqrt{L_s \cdot C}}$$

zu achten hat. Dabei ergibt sich

$$E_{\text{max}} = \frac{U_0}{\frac{L_s}{R_g} + R_s \cdot C}\,. \tag{31}$$

Die Resonanzüberhöhung wird man zur bevorzugten Ausfilterung bestimmter Perioden ausnutzen. Für magneto-tellurische Untersuchungen in einem größeren Frequenzbereich bewegt man sich aber zweckmäßig im Gebiet $\omega \ll \omega_0$. Dann gilt bei $C \to 0$ für den Ausschlag eines Galvanometers, dessen Eigenfrequenz mindestens doppelt so groß ist wie die aufzunehmende Frequenz und für das eine Dämpfung von $\alpha = 0{,}7$ vorausgesetzt wird

$$a = \frac{1}{C_i} \frac{U_0}{\sqrt{(R_g + R_s)^2 + \omega^2 L_s^2}}\,, \tag{32}$$

C_i [A/mm/m] = Stromkonstante des Galvanometers
a [mm] = Ausschlag des Galvanometers bei 1 m Lichtzeigerlänge

und die apparativ bedingte Phasenvoreilung gegenüber dem erregenden Feld ist

$$\varphi = \frac{\pi}{2} - \operatorname{arctg} \frac{\omega L_s}{R_g + R_s}\,. \tag{33}$$

Damit der Einschwingvorgang in 1 s auf seinen e-ten Teil abgeklungen ist, muß die Bedingung

$$R_s + R_g \geqq L_s \tag{34}$$

erfüllt sein. Da aber sowohl R_s als auch L_s mit zunehmender Windungszahl größer werden, gibt es für die maximale Empfindlichkeitsausbeute und die Einhaltung der Einschwingbedingung eine optimale Windungszahl. Für Kerndurchmesser von 2,5 cm, Kernlängen von 100 cm, Wickellängen von 80 cm und Drahtdurchmesser von 0,3 mm liegt die optimale Windungszahl

für $R_g = 200\ \Omega$ bei $5 \cdot 10^4$ Windungen,
für $R_g = 2000\ \Omega$ bei $1{,}5 \cdot 10^5$ Windungen.

In der Praxis wird man bestrebt sein, R_g möglichst groß zu machen, um im Nenner der Gl. (32) das Glied $\omega^2 L_s^2$ gegen $(R_g + R_s)^2$ vernachlässigen zu können und um die apparativ bedingte Phasenvoreilung konstant auf $\pi/2$ zu halten.

Die experimentelle Bestimmung der Spulendaten unter verschiedenen Bedingungen wurde von Sachweh [40] durchgeführt. Der Spulenwiderstand besitzt einen Temperaturkoeffizient von $\alpha_c = 3{,}9 \cdot 10^{-3}\,(°\mathrm{C})^{-1}$. Empfindlichkeitsschwankungen der Spule werden allerdings dadurch nur hervorgerufen, wenn die Bedingung $R_g \gg R_s$ nicht erfüllt ist. Änderungen der Widerstandsverhältnisse im Spulenkreis prüft man durch Aufprägung einer Eichspannung in den Spulenkreis.

Zur Empfindlichkeitsänderung der Spule kann dann nur eine Änderung der Größe μ_{eff} führen. Die Überprüfung der Änderung von μ_{eff} wurde über eine genaue Bestimmung der Spuleninduktivität durchgeführt, wobei beachtet werden mußte, daß die entstehende Feldstärke in den Spulen dieselbe Größenordnung wie bei der Aufnahme im Gelände hat. Außerdem mußte zur Vermeidung von Wirbelstrom- und Hysteresisverlusten unterhalb einer Frequenz von 0,1 Hz gemessen werden. Am geeignetsten erwies sich hierbei die Bestimmung der Induktivität aus Scheinwiderstandsmessungen. Es wurde festgestellt:

1. Die Induktivität zeigt keine Temperaturabhängigkeit.
2. Die Induktivität ist bei Kernlängen von 1 m bei Orientierung senkrecht zum magnetischen Meridian um 3% größer als bei Orientierung im geomagnetischen Meridian. Bei beiderseitiger Kernanstücklung von je 1 m liegt die Induktivitätserhöhung bei Messung senkrecht zum geomagnetischen Meridian bei 5%.
3. Eine Abhängigkeit der Induktivität von der Vormagnetisierung wurde nicht festgestellt.
4. Bei Erhöhung der Wechselfeldstärke in der Spule von 0—800 Oe änderte sich die Induktivität nur um 4%. Die Benutzung der Spulen als magnetische Eichnormale ist deshalb möglich.
5. Bei Anstücklung mehrerer Kerne aneinander darf die Luftspaltbreite 0,1 mm nicht überschreiten.

Eine Zusammenstellung der Spulendaten findet sich in Tab. 1.

Die Spule wird zur Messung im Gelände in ein Vinidurrohr eingeführt, das auf einer Spezialhalterung liegt und auf einem Stativ in ein beliebiges Azimut orientiert werden kann (Abb. 6).

TABELLE 1

Zusammenstellung der Spulendaten

Anzahl	Spulentyp	Windungszahl n	Kernquerschnitt F [cm²]	Kernlänge l_k [cm]	Wickellänge l_w [cm]	Ohmscher Widerstand [Ω]	Induktivität [Hy]	Spannungsempfindlichkeit [mV/γ/s]
6	Muniperm-Vollmaterial	$1{,}03 \cdot 10^5$	4,9	100	75	~3280	~3510	~0,14 0,150 (Spule 5) 0,131 (Spule 3)
1	Munipermblechstreifen 0,3 × 25 × 1000 mm geschichtet	$5{,}64 \cdot 10^4$	6,25	100	75	1970	1190	0,084
1	Munipermblechstreifen 0,1 × 25 × 1000 mm geschichtet	$4{,}44 \cdot 10^3$ $1{,}34 \cdot 10^4$ $5{,}66 \cdot 10^4$ $1{,}03 \cdot 10^5$	6,25 6,25 6,25 6,25	100 100 100 100	75 75 75 75	119 374 1830 4190	6,85 (16 Hz) 62 (16 Hz) 1120 3490	0,007 0,021 0,079 0,141
1	Munipermdraht, 1 mm ⌀ 1000 mm lang, gebündelt	$4{,}41 \cdot 10^3$	4,9	100	75	94	5,9	0,006
	Munipermvollmaterial 2 Spulen hintereinander gesteckt, parallel geschaltet	$1{,}03 \cdot 10^5$	4,9	200	je 75	~1640	~3650	0,304 (Spulenkomb. 2–6)
	Munipermvollmaterial 3 Spulen hintereinander gesteckt, parallel geschaltet	$1{,}03 \cdot 10^5$	4,9	300	je 75	~1100	~3650	0,534 (Spulenkomb. 2–5–6)
	Munipermvollmaterial 1 Spule, auf jeder Seite ein Kern angestückt	$1{,}03 \cdot 10^5$	4,9	300	75	~3280	~9250	0,603 (Spule 5)

~ Dieses Zeichen bezieht sich auf Mittelwerte für mehrere Spulen bzw. Spulenkombinationen

Zwischen Spule und Tellurik-Apparatur wird ein fotoelektrisch kompensierender Verstärker der Akademiewerkstätten für Forschungsbedarf der DAW Berlin geschaltet [34], vor dessen Primärgalvanometer noch 30 kΩ in Reihe liegen. Man erhält dadurch die in Abb. 7 gezeigte Amplituden- und Phasencharakteristik.

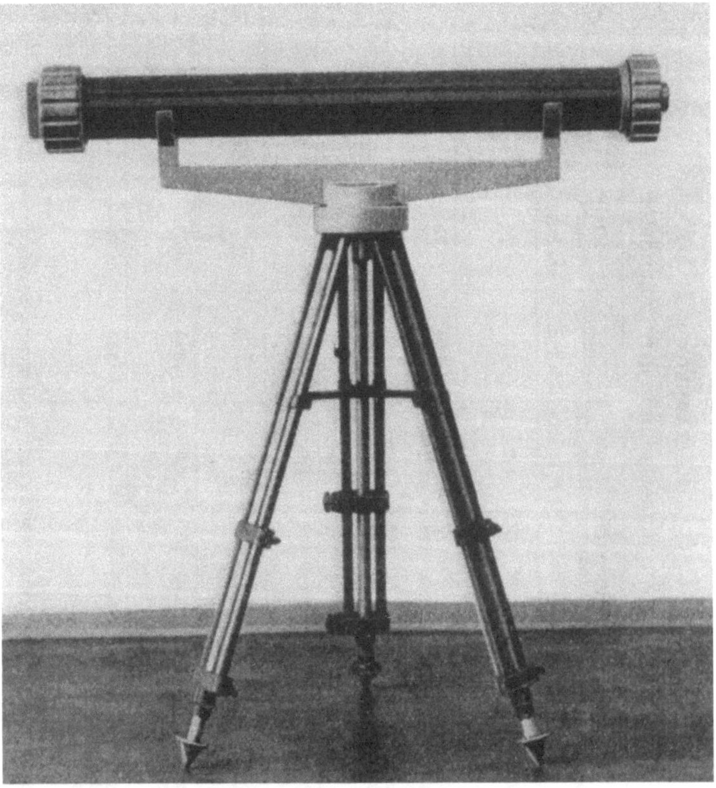

Abb. 6. Hochpermeable Induktionsspule im Vinidurrohr und Spezialstativ in Meßstellung

Die auf den ersten Blick recht nachteilig wirkende frequenzabhängige Spulencharakteristik kann man in die Auswerteformeln der Magneto-Tellurik mit einarbeiten. Voraussetzung ist allerdings, daß die im doppelt-logarithmischen Papier aufgetragene Charakteristik eine um 45° gegen die Abszisse geneigte Gerade ergibt. Die magnetischen Registrierspuren erhalten

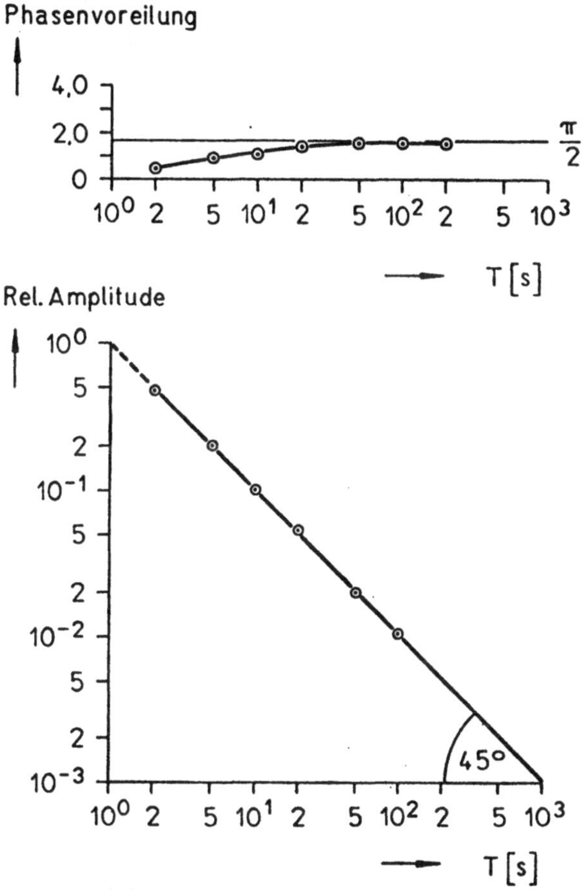

Abb. 7. Frequenzcharakteristik der Kombination Vollkern-Muniperm-spule — Fotoelektrischer Verstärker für den Periodenbereich der Pulsationen.

Die mittlere Spannungsempfindlichkeit der Spulen beträgt 0,14 mV/γ/s. In der angegebenen Kombination erreicht man bei Anschluß der Tellurikapparatur einen Ausschlag von 20900 mm/mV. Damit beträgt die Maximalempfindlichkeit 2900 mm/γ/s bei einem apparativ bedingten Rauschpegel von ~ ±2 mm und einer Drift von ~ 17 mm/100 s dann keine Eichwerte in mm/γ, sondern in mm/γ/s. Im folgenden Schema wird gezeigt, wie die Grundformeln der Magneto-Tellurik in diesem Fall abgewandelt werden müssen.

Variometer — Spule

Auswertegröße:

$$Z = \frac{E_x\,[\text{mV/km}]}{H_y\,[\gamma]} \qquad Z' = \frac{E_x\,[\text{mV/km}]}{\dot{H}_y\,[\gamma/\text{s}]} \tag{35}$$

Darstellungsgröße:

$$\varrho_s\,[\Omega\text{m}] = 0{,}2 \cdot T\,[\text{s}] \cdot (Z)^2 = \frac{0{,}2}{T\,[\text{s}]} \cdot (Z')^2\,, \tag{36}$$

$$S\,[\Omega^{-1}] = 796 \left(\frac{1}{Z} - \sqrt{\frac{T\,[\text{s}]}{10 \cdot \varrho_n\,[\Omega\text{m}]}}\right)$$

$$= 796 \left(\frac{T\,[\text{s}]}{Z'} - \sqrt{\frac{T\,[\text{s}]}{10 \cdot \varrho_n\,[\Omega\text{m}]}}\right). \tag{37}$$

Die apparativ bedingte Phasenvoreilung ist nach Abb. 7 für Perioden > 20 s frequenzunabhängig $\Delta\varphi = \pi/2$. Der Aufwand in der Auswertung ist also in den beiden Fällen Variometer — Spule der gleiche. Den elektrischen und magnetischen Registrierspuren werden lediglich die Amplituden in mm entnommen; diese werden durch die entsprechenden Eichwerte (mm/γ, mm/γ/s) dividiert und in die Formeln (35), (36) und (37) eingesetzt.

Für die magneto-tellurische Kartierung im Bereich von 1 s bis 200 s ist die Anwendung von Spulen besonders zu empfehlen. Für den Fall einer selektiven Aussonderung bestimmter Frequenzen kann man u. U. ohne Zwischenschaltung eines Verstärkers auskommen, wenn man eine Kapazität parallel zur Spule schaltet.

Abb. 8 zeigt eine solche Meßanordnung mit zugehöriger Frequenzcharakteristik zur bevorzugten Aufnahme von 8 Hz.

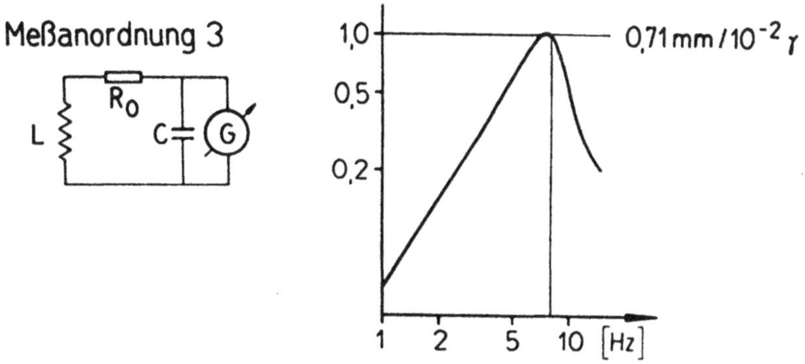

Abb. 8. Resonanzfaktor einer Kombination.

Spule — Stylogalvanometer mit Empfindlichkeitsangabe für 8 Hz

$R_0 = 117\ \Omega$	$R_{agr} = 1500\ \Omega$	$L = 5$ Hy
$C = 70\ \mu$F	$f_0 = 20$ Hz	G = Stylogalvanometer
$R_g = 100\ \Omega$		

2.32 Mikrovariometer

Die vorliegende Entwicklung ging von der Aufgabe aus, Konstruktionsdaten für ein Spannbandvariometer [28, 29] zu erarbeiten, das die geomagnetischen Variationen unter Verwendung des Magnetmaterials Alnico 400 bei einer Eigenperiode von $\leqq 1$ s mit einer Genauigkeit von $\pm 10^{-2}\,\gamma$ fotografisch aufzeichnen kann. Dabei wird vorausgesetzt, daß das konstante geomagnetische Feld durch einen Zusatzmagneten wegkompensiert wird, daß weiterhin die Magnetaufhängung im Schwerpunkt erfolgt und daß der Vektor des magnetischen Moments senkrecht zu der zu messenden Komponente dx liegt. Die Grundformeln für ein Variometer lauten unter diesen Bedingungen

$$T = 2\pi\sqrt{\frac{K}{D}}\,, \tag{38}$$

$$e_0 = \frac{d\Theta}{dx} = \frac{M}{D}\,, \qquad M = J \cdot V \tag{39}$$

$$D = \frac{G \cdot 10^6 \cdot b \cdot R^4}{1{,}0197 \cdot 3 \cdot L}\,, \quad \text{für Bänder} \tag{40}$$

$$D = \frac{G \cdot 10^5 \cdot \pi \cdot R^4}{1{,}0197 \cdot 2 \cdot L} \quad \text{für Fäden.} \tag{41}$$

Dabei bedeuten:

T [s]	= Schwingungsdauer
K [cgs]	= Trägheitsmoment des Magneten in bezug auf die Drehachse
M [cgs]	= Magnetisches Moment
D [cgs]	= Direktionskraft des Fadens bzw. Bandes
dx [cgs]	= Variationskomponente
$d\Theta$	= Ausschlag im Bogenmaß
e_0	= Statische Empfindlichkeit
G [kp/mm²]	= Gleitmodul des Fadens bzw. Bandes
$2L$ [cm]	= Freie Länge des Fadens bzw. Bandes
R [cm]	= Radius des Fadens bzw. Dicke des Bandes
b [cm]	= Breite des Bandes
J [cgs]	= Magnetisierung des Magneten
V [cm³]	= Volumen des Magneten

Für die vorliegende Untersuchung wurde als Spannbandmaterial

Quarz ($G = 0{,}31 \cdot 10^6$ kp/cm²) bzw.

Phosphorbronze ($G = 0{,}37 \cdot 10^6$ kp/cm²) $b = 4\,R$

gewählt. Nach SAMAL [41] eignen sich am besten Platin-Nickel-Bänder ($G = 0{,}7 \cdot 10^6$ kp/cm²) für Spannbänder. Es wurde zunächst die geometrische Form und Magnetisierungsrichtung eines Magneten gesucht, der für vorgegebene Grundschwingungsdauer ($T = 1$ s), Fadenradius bzw. Banddicke ($R = 1$ µm) und Variationsamplitude ($dx = 10^{-5}$ cgs $= 1\,\gamma$) die maximale Empfindlichkeit besitzt. Dazu wurden die in Abb. 9 aufgeführten Magnetkörper untersucht.

Das Verhältnis ihrer optimalen Quer-/Längserstreckung ergibt sich nach Scherung der Entmagnetisierungskurve für die Bedingung

$$\text{Magnetisierung } J = J_{max} = 1000 \text{ cgs}$$

$$(\text{für die Kugel ist } J = J_{max} = 300 \text{ cgs}).$$

Man erhält somit Formeln für das Trägheitsmoment und das magnetische Moment als Funktion der Magnetachsenlänge und

I	II	III	IV	V
Magnetform	Optimale Dimension (für max. Magnetisierung $J = J_{max}$)	Trägheitsmoment k [cgs] (für $\delta = 7{,}3\ g/cm^3$)	Magnetisches Moment M [cgs] (für $J = J_{max}$)	Maximaler Ausschlagwinkel $d\Theta$ (für $T = 1s$; $R = 1 \mu m$; $dx = 10^{-5} cgs = 1\gamma$; $2L = 20 cm$)
Kugel 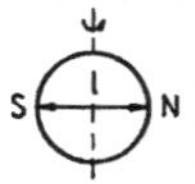	—	$38{,}2 \cdot 10^{-2} \cdot l^5$	$15{,}7 \cdot 10 \cdot l^3$	$3{,}1 \cdot 10^{-2}$
Zylinder 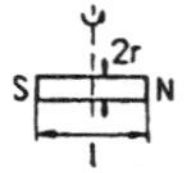	$r = \frac{l}{9}$	$2{,}44 \cdot 10^{-2} \cdot l^5$	$3{,}8 \cdot 10 \cdot l^3$	$3{,}9 \cdot 10^{-2}$
Scheibe (horizontal) 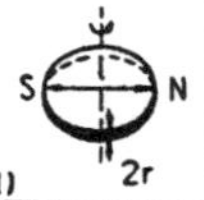	$r = \frac{l}{28}$	$1{,}63 \cdot 10^{-2} \cdot l^5$	$5{,}6 \cdot 10 \cdot l^3$	$7{,}3 \cdot 10^{-2}$
Scheibe (vertikal) 	$r = \frac{l}{28}$	$0{,}82 \cdot 10^{-2} \cdot l^5$	$5{,}6 \cdot 10 \cdot l^3$	$10{,}3 \cdot 10^{-2}$

Abb. 9. Maximal erreichbare Variometerempfindlichkeiten für verschiedene Magnetformen. (Alnico 400, Band: Quarz bzw. Phosphorbronze)

R = Fadenradius bzw. Banddicke dx = Magnetische Variation $2L$ = Fadenlänge bzw. Bandlänge kann dann durch Kombination der Formeln (38) und (39) unter Elimination der Magnetachsenlänge l die maximal mögliche Empfindlichkeit errechnen. Die Spalte 5 der Abb. 9 zeigt das Ergebnis. Die maximale Empfindlichkeitsausbeute liefert eine in der Scheibenebene magnetisierte Scheibe, deren Drehachse parallel zur Scheibenebene gerichtet ist. Diese Magnetform bietet zugleich den Vorteil, daß ihre Oberfläche verspiegelt werden kann, wobei der Magnet u. U. gleichzeitig als Spiegel dient. Der kleinste, fotografisch noch registrierbare Ausschlag eines solchen Variometers wird durch die Spiegelbreite = = Magnetdurchmesser l bestimmt [27]:

$$d\Theta_{\min} = \frac{5 \cdot 10^{-4}}{l\,[\mathrm{cm}]}\,. \tag{42}$$

Andererseits wird Formel (39) abgewandelt in

$$d\Theta_{\min} = dx_{\min}\,[\mathrm{cgs}] \cdot \frac{M(l)\,[\mathrm{cgs}]}{D(R)\,[\mathrm{cgs}]}\,, \tag{43}$$

$$dx_{\min} = \text{Auflösungsvermögen.}$$

Die Formeln (40) bzw. (41), (42) und (43) faßt man zusammen unter Elimination von $d\Theta_{\min}$ zu

$$l\,[\mathrm{cm}] = \frac{10 \cdot R\,[\mathrm{cm}] \cdot 3{,}04}{\sqrt[4]{dx_{\min}\,[\mathrm{cgs}]}}\,. \tag{44}$$

Die dadurch gegebenen Kurvenscharen wurden in Abb. 10 eingetragen. Faßt man schließlich die Formeln (38), (42) und (43) unter Elimination von $d\Theta_{\min}$ und D zusammen, so erhält man

$$l\,[\mathrm{cm}] = T^2\,[\mathrm{s}] \cdot dx_{\min}\,[\mathrm{cgs}] \cdot 3{,}5 \cdot 10^5\,. \tag{45}$$

Auch diese Kurvenschar wurde in Abb. 10 eingetragen. Auf der Abszisse ist das Auflösungsvermögen in cgs bzw. γ aufgetragen und auf der Ordinate die Magnetbreite l in cm bzw. die Lichtzeigerlänge A [cm] = 40 l [cm]. Eigenperiode T [s] und Banddicke bzw. Fadenradius R [μm] sind als Parameter geführt. Gibt man sich also z. B. ein Auflösungsvermögen von

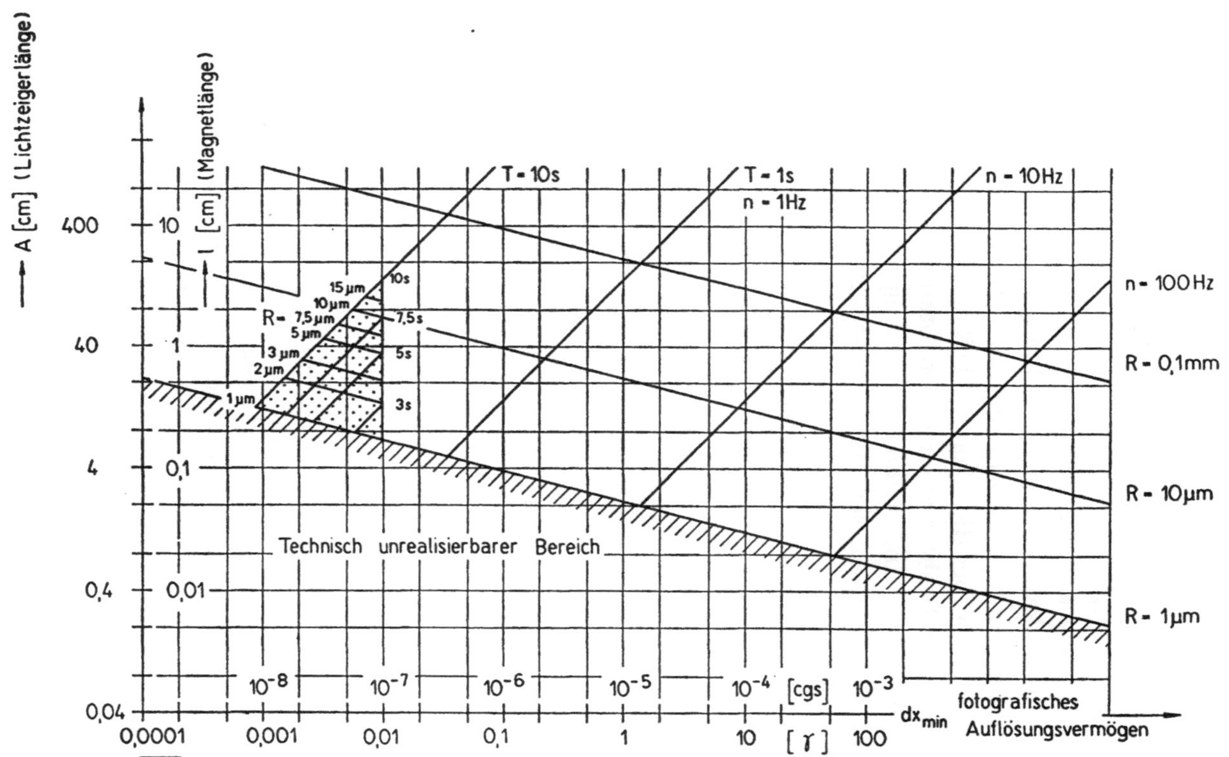

[Rasterfeld] = Konstruktionsbereich für Pulsationsregistrierungen

dx_{min} = Kleinste noch zu messende Feldänderung

R = Aufhängefaden - Radius (Länge des Fadens: 20 cm)

l = Magnetscheibendurchmesser

2r = Magnetscheibendicke = $\frac{l}{14}$

A = Lichtweglänge

T = Eigenperiode

Abb. 10. Konstruktionsdaten für Scheibenmagnet-Spannbandsysteme für Mikrovariometer (Alnico 400)

10^{-2} γ und eine Eigenperiode von $T = 3$ s vor, so erfordert das einen Magnetscheibendurchmesser $l = 3{,}3$ mm, eine Magnetscheibendicke $2r = 0{,}236$ mm, einen Fadenradius von 2 μm und eine Lichtzeigerlänge von 13,2 cm.

Eine Steigerung der Empfindlichkeit über die angegebenen Grenzen hinaus kann durch Anordnung von 2 Muniperm-Deflektorstäben in der aufzunehmenden Magnetfeldrichtung erreicht werden, wobei die Magnetscheibe senkrecht zur Verbindungslinie der Stäbe zwischen den Stäben liegt. Abb. 11 zeigt die erreichbare Induktionsverstärkung als Funktion der Luftspaltbreite zwischen den Munipermstäben.

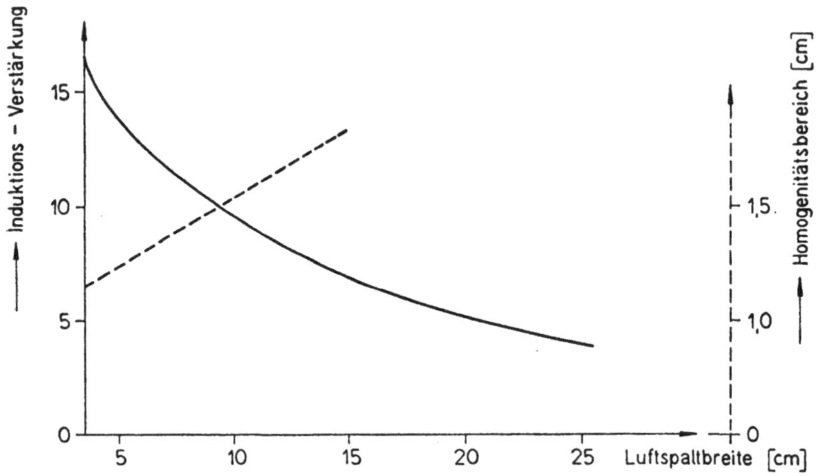

Abb. 11. Homogenitätsbereich zwischen zwei hintereinander angeordneten Munipermstäben und erreichbare Induktionsverstärkung. *Homogenitätsbereich* (für Grad der Inhomogenität ≦ 1%) und *Induktions-Verstärkung* durch Munipermstäbe (Länge 1 m, Durchmesser 2,3 cm) als Funktion der Luftspaltbreite

Eine andere Möglichkeit zur Empfindlichkeitssteigerung ist die fotoelektrische Verstärkung. Dieser Weg wurde bei der vorliegenden Entwicklung beschritten. Das gefertigte Spannband-Grundelement besteht aus Phosphorbronzeband (8 μm × 50 μm × 9 cm) bzw. Pt-Ni-Band, das durch zwei Magnetscheiben von 8 mm Durchmesser und 0,3 mm Dicke eingeschlossen wird. Die Magnetscheiben sind in der Scheibenebene magnetisiert und tragen einen Spiegel gleichen Durchmessers. Als Magnetmaterial wurde sowohl Alnico 400 ($M = 18$ cgs) als auch Vicalloy ($M = 8$ cgs) verwendet. Dünne Magnetscheiben aus Alnico 400 lassen sich durch Herabschleifen auf die gewünschte Dicke nur schwer lunkerfrei herstellen, wogegen die Fertigung der Vicalloyscheiben durch Ausstanzen aus Vicalloyblech bedeutend einfacher ist. Als Systemträger wurden fertige Systemrohre für Spiegelgalvanometer des VEB Geophysikalischer Gerätebau Brieselang mit entsprechenden Spannbandfedern verwendet. Der Magnetspiegel schwingt in einem Kupferblock. Abb. 12 zeigt einen Vergleich des Mikrovariometersystems mit einem entsprechenden Galvanometersystem.

Mit diesem Magnetsystem läßt sich jeweils die Komponente des magnetischen Variationsfeldes erfassen, die senkrecht auf der Magnetscheibe steht. Bei Messung beliebiger Horizontal-Komponenten des Variationsfeldes mit lotrecht liegendem Spannband muß die Horizontalintensität des konstanten erdmagnetischen Feldes wegkompensiert werden. Bei Messung der Vertikalkomponente liegt das Spannband horizontal im geomagnetischen Meridian und die Vertikalkomponente des konstanten Erdmagnetfeldes wird kompensiert. Die Erdfeld-Kompensation geschieht mit einem kleinen Alnico-Zylindermagneten ($M \sim 100$ cgs), der in der 3. Gaussschen Hauptlage (orthogonal zum Spannband) ca. 8 cm vom Mittelpunkt der Magnetscheibe entfernt über dem Spannband sitzt. Er ist sowohl drehbar als auch in Spannbandrichtung verschiebbar. Bei Messung der Vertikalintensität wird er durch einen gleichgroßen Magneten auf der anderen Seite des Spannbandes ergänzt. Der Kompensationsmagnet hat gleichzeitig die Aufgabe, im Falle eines nichttorsionsfreien Einbaues des Spannbandes und einer Lage des Schwerpunktes außerhalb der Drehachse die Magnetscheibe in das gewünschte Meßazimut zu bringen.

Auf das Magnetsystem (M) (Abb. 13) fällt ein Lichtstrahl, der einen Spalt (S) über ein Objektiv (O) auf zwei in ihren

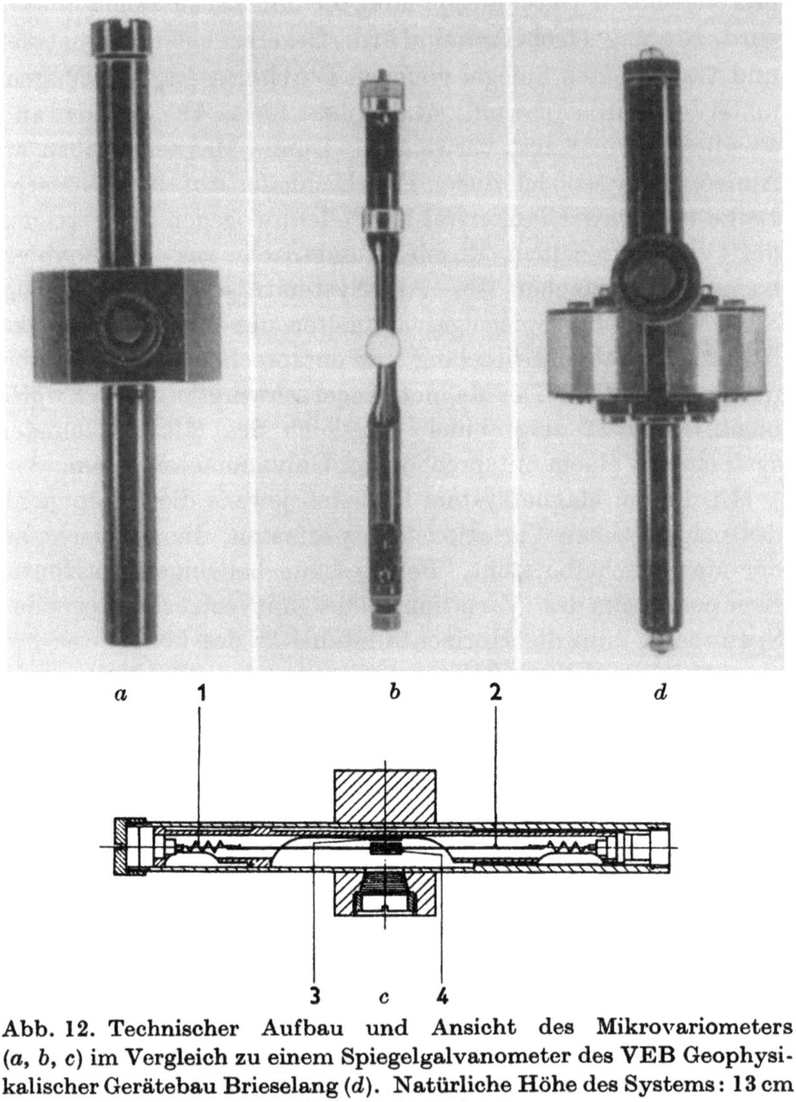

Abb. 12. Technischer Aufbau und Ansicht des Mikrovariometers (*a*, *b*, *c*) im Vergleich zu einem Spiegelgalvanometer des VEB Geophysikalischer Gerätebau Brieselang (*d*). Natürliche Höhe des Systems: 13 cm

a Äußere Ansicht des geschlossenen Magnetsystems

b Ansicht des herausgezogenen Magnetsystems

c Technischer Querschnitt des gesamten Magnetsystems (1 Spannfeder, 2 Pt—Ni-Band, 3 Dämpfungsblock, 4 Magnetscheibenspiegel)

d Spiegelgalvanometer des VEB Geophysikalischer Gerätebau Brieselang

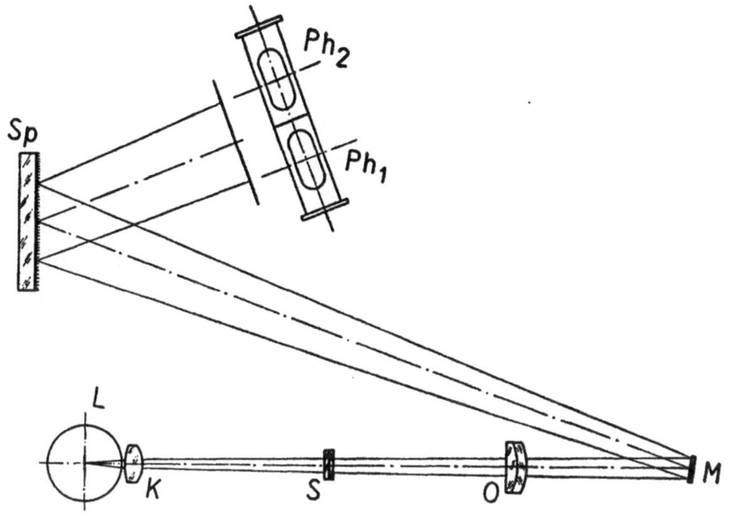

Abb. 13. Optisches Schema des Mikrovariometers

L = Lichtwurflampe
K = Kondensor
S = Spalt
O = Objektiv
Umgezeichnet aus [30]

M = Beweglicher Magnetspiegel
Sp = Fester Spiegel
Ph_1 und Ph_2 = CdS-Fotowiderstände
Lichtweglänge $M - Ph$ = 30 cm

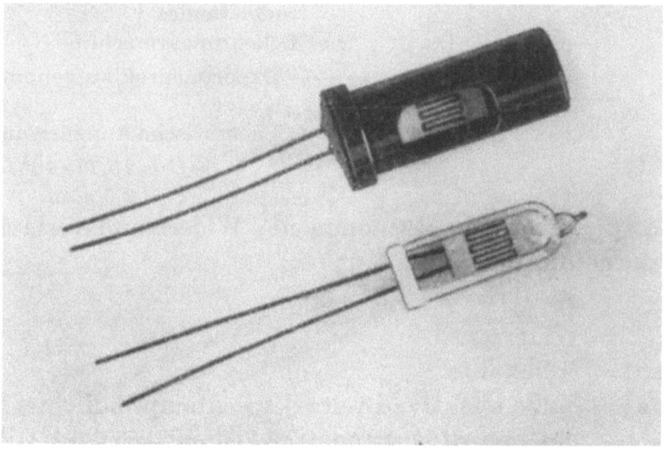

Abb. 14. CdS-Fotowiderstände des VEB Carl Zeiss Jena, mit und ohne Hülle

elektrischen Daten gleiche CdS-Fotowiderstände (Ph_1 und Ph_2) (s. Abb. 14) abbildet.

Die Fotowiderstände liegen nach Abb. 16 in einer WHEATSTONEschen Brückenschaltung, in der kein Brükkenstrom fließt, wenn beide Fotowiderstände je zur Hälfte belichtet werden. Bei einer Magnetfeldänderung senkrecht zur Scheibenebene dreht sich die Magnetscheibe und der eine Fotowiderstand wird mehr, der andere weniger belichtet. Die Änderung des Fotowiderstandes als Funktion des Vorschubs der Belichtung zeigt Abb. 15.

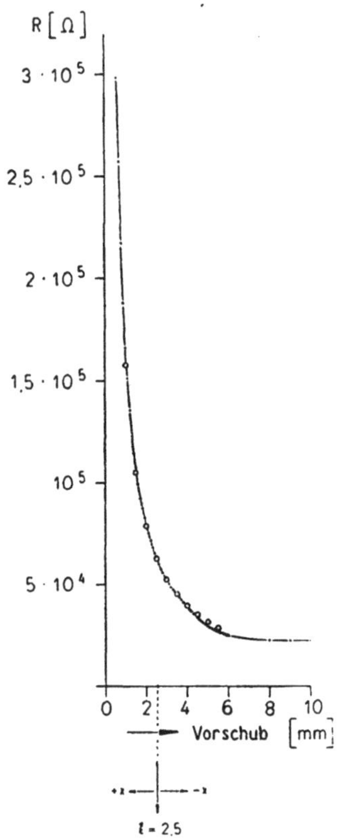

Abb. 15. Änderung des Cds-Fotowiderstandes (VEB Carl Zeiss, Jena) als Funktion des Vorschubs der Belichtung (Beleuchtungsstärke = const.)

R = Widerstand C = Konstante
ξ = halbe effektive Breite der lichtempfindlichen Fläche des Fotowiderstandes
x = Belichtungsvorschub
—·—·— Experimentell aufgenommene Kurve
○○○○ Theoretische Annäherung durch

$R = \frac{C}{\xi - x}$ mit $C = 15{,}77 \cdot 10^4\,\Omega\,\text{mm}$, $\xi = 2{,}5\,\text{mm}$

Den experimentell aufgenommenen Widerstandsverlauf kann man durch die Beziehung

$$R = \frac{C}{\xi - x} \tag{46}$$

R [Ω] = Widerstand
C [mm] = Konstante
ξ [mm] = halbe effektive Breite der lichtempfindlichen Fläche des Fotowiderstandes
x [mm] = Belichtungsvorschub

sehr gut annähern, so daß man nach der Grundformel des WHEATSTONEschen Brückenstromes für die Schaltung der Abb. 16 bekommt [33]

$$I = \frac{E}{\xi\,(R_2 + 2\,R_1 + R_6) + C} \cdot \Theta \cdot A \tag{47}$$

oder

$$I = \nu \cdot \Theta \tag{48}$$

I [A] = Brückenstrom
E [V] = Brückenspeisespannung
Θ = Ausschlag des Magnetsystems im Bogenmaß
A [mm] = Lichtzeigerlänge
ν = Proportionalitätskonstante.

Der Brückenstrom I wird einmal mittels der HELMHOLTZ-Spule H_2 zur teilweisen Kompensation der auftretenden Magnetfeldänderung benutzt und außerdem der Tellurik-Apparatur zur Registrierung zugeführt. Die HELMHOLTZ-Spule H_1 dient zusammen mit dem Kondensator C_1 zur elektromagnetischen Dämpfung des Magnetsystems, die HELMHOLTZ-Spule H_3 dient zur Eichung mittels eines Eichgerätes, das auch über einen Transverter (T) die Brückenspannung (80 V) für diese Schaltung liefert.

Für ein in fotoelektrischer Rückkopplung arbeitendes Magnetsystem gilt nach [26] und [44] für den Verzerrungsfaktor ζ (Verhältnis von dynamischem zu statischem Skalenwert)

$$\zeta = \left[\left(1 - \frac{\omega^2}{\bar{\omega}_0^2}\right) + 4\,\bar{\alpha}^2 \frac{\omega^2}{\bar{\omega}_0^2}\right]^{-1/2} \tag{49}$$

und die Phasenverschiebung φ der Variometeranzeige gegen das erregende Feld

$$\varphi = \operatorname{arctg} \frac{2\,\bar{\alpha} \cdot \bar{\omega}_0 \cdot \omega}{(\bar{\omega}_0^2 - \omega^2)}\,, \tag{50}$$

wobei

$$\bar{\omega}_0 = \omega_0 \sqrt{1 + \frac{M \cdot f_2 \cdot \nu}{D}}\,, \qquad \omega_0 = \sqrt{\frac{D}{K}} \tag{51}$$

und

$$\bar{\alpha} = \alpha \cdot \frac{1}{\sqrt{1 + \frac{M \cdot f_2 \cdot \nu}{D}}} + \frac{\nu \cdot M\,(f_1 - f_2) \cdot R_1 \cdot C_1}{2\,K \cdot \omega_0 \sqrt{1 + \frac{M \cdot f_2 \cdot \nu}{D}}} \tag{52}$$

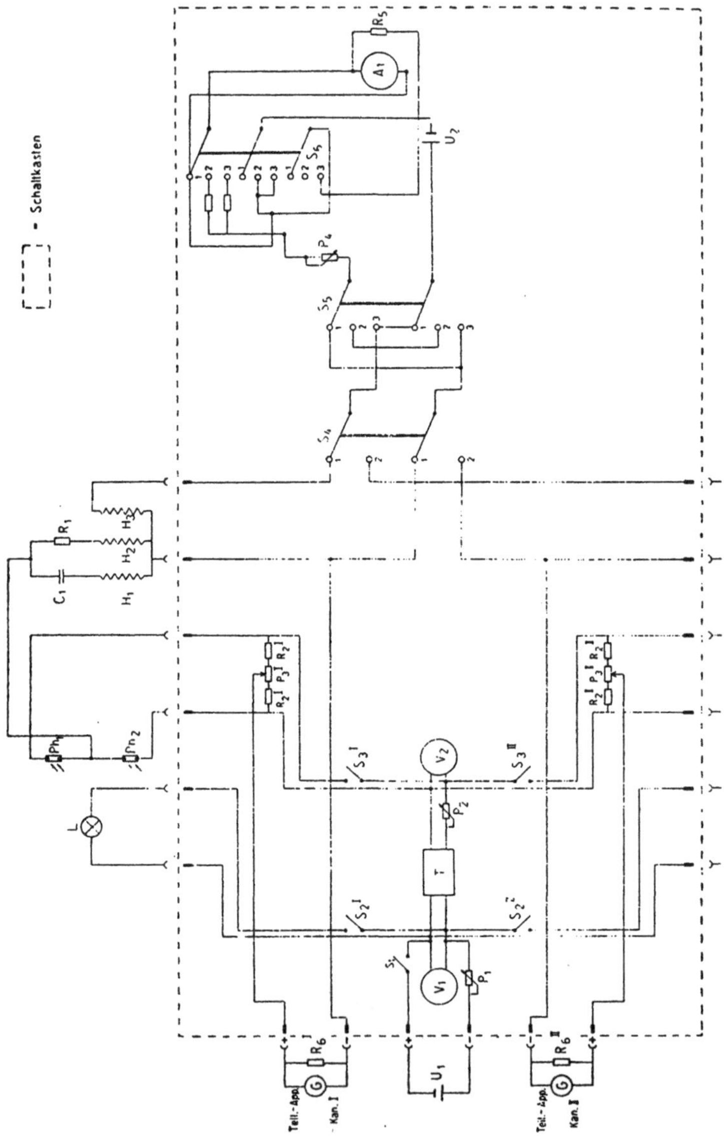

Abb. 16

M [cgs] $=$ Magnetisches Moment des schwingenden Magneten

$\omega_0 = \frac{2\pi}{T_0\,[\mathrm{s}]} =$ Kreisfrequenz des nicht rückgekoppelten Systems

$\bar{\omega}_0 = \frac{2\pi}{\bar{T}_0\,[\mathrm{s}]} =$ Kreisfrequenz des rückgekoppelten Systems

α $=$ Dämpfung des nicht rückgekoppelten Systems ($\alpha = 1 =$ aperiodischer Grenzfall)

$\bar{\alpha}$ $=$ Dämpfung des rückgekoppelten Systems

D [cgs] $=$ Direktionskraft des Spannbandes

K [cgs] $=$ Trägheitsmoment des Magnetsystems

f_1 [cgs/A] $=$ Spulenkonstante der Dämpfungsspule

f_2 [cgs/A] $=$ Spulenkonstante der Rückkopplungsspule

R_1 [Ω] $=$ Widerstand im Rückkopplungszweig

C_1 [F] $=$ Kapazität im Dämpfungszweig

ν [A] $=$ Proportionalitätsfaktor zwischen Magnetometerausschlag und Brückenstrom

Abb. 16. Elektrische Schaltanlage für zwei Variometer.

L = Lampe 6 V, 7 W

Ph = CdS-Fotowiderstand

R = Widerstand ($R_1 = 4\,\mathrm{k}\Omega$, $R_2 = 5\,\mathrm{k}\Omega$, $R_5 = 411\,\mathrm{k}\Omega$, $R_6 = 2{,}5\,\mathrm{k}\Omega$)

P = Potentiometer ($P_1 = 10\,\Omega$, $P_2 = 100\,\mathrm{k}\Omega$, $P_3 = 1\,\mathrm{k}\Omega$, $P_4 = 1\,\mathrm{M}\Omega$)

T = Transverter 6 V/80 V

H = Helmholtz-Spule
(H_1 = Dämpfungsspule 500 Windungen $\cong 10^4\,\gamma$/mA,
H_2 = Rückkopplungsspule 22 Windungen $\cong 400\,\gamma$/mA,
H_3 = Eichspule 3 Windungen $= 54{,}5\,\gamma$/mA)

U = Spannungsquelle ($U_1 = 6$ V, $U_2 = 1$ V)

G = Galvanometer der Tellurikapparatur

$\mathrm{V}_{1/2}$ = Voltmeter 6 V/100 V

A_1 = Amperemeter (25 μA, $R_i = 3700\,\Omega$)

S = Schalter

Index I = Zu Magnetometer I gehörig

Index II = Zu Magnetometer II gehörig

C = Kapazität ($C_1 = 1\,\mu$F)

Durch die Rückkopplung wird also die Frequenz des Variometers erhöht. Die entdämpfende Wirkung der Rückkopplung kann durch die Spule H_1 in Verbindung mit dem Widerstand R_1 und der Kapazität C_1 rückgängig gemacht werden.

Der Vorteil der fotoelektrischen Kompensationsschaltung liegt darin, daß der Skalenwert im Falle des Verschwindens von Torsionseinflüssen allein durch die Spulenkonstante der Rückkopplungsspule bestimmt wird, so daß Änderungen in den Eigenschaften der Fotowiderstände und Änderungen im magnetischen Moment des Variometermagneten nicht in die Messung eingehen.

$$\frac{dx\,[\mathrm{cgs}]}{dI\,[\mathrm{A}]} = f_2 \left[\frac{\mathrm{cgs}}{\mathrm{A}}\right]. \tag{53}$$

Weiterhin wird durch die Kompensation erreicht, daß sich der Magnet aus der Ruhelage um so weniger entfernt, je größer der Proportionalitätsfaktor ν zwischen Magnetometerausschlag und Brückenstrom ist.

$$\frac{d\bar{\Theta}}{d\Theta} = \frac{1}{1 + \nu\,[\mathrm{A}] \cdot \dfrac{M\,[\mathrm{cgs}] \cdot f_2 \left[\dfrac{\mathrm{cgs}}{\mathrm{A}}\right]}{D\,[\mathrm{cgs}]}} \tag{54}$$

Θ = Ausschlag des Magneten ohne Rückkopplung

$\bar{\Theta}$ = Ausschlag des Magneten mit Rückkopplung.

Die Frequenzcharakteristik des Variometers für den Arbeitsbereich der Tellurik-Apparatur ist in Abb. 17 dargestellt. Für diesen Arbeitsbereich trat keine meßbare Phasenverschiebung zwischen Fotostrom und erregendem Magnetfeld auf.

Die Eigenfrequenz der Variometer beträgt 2 Hz, der Eigenrauschpegel liegt bei $\pm\ 10^{-2}\,\gamma$.

Abb. 18 zeigt die Linearität des Ausschlages als Funktion der Eichstromwerte.

Abb. 19 gibt einen Einblick in das geöffnete Variometer.

Zur Aufstellung des Gerätes im Gelände wird eine kleine Holzkiste vergraben, in der sich ein Feldwaagenstativkopf befindet. Dieser wird mittels einer Bussole in das Meßazimut

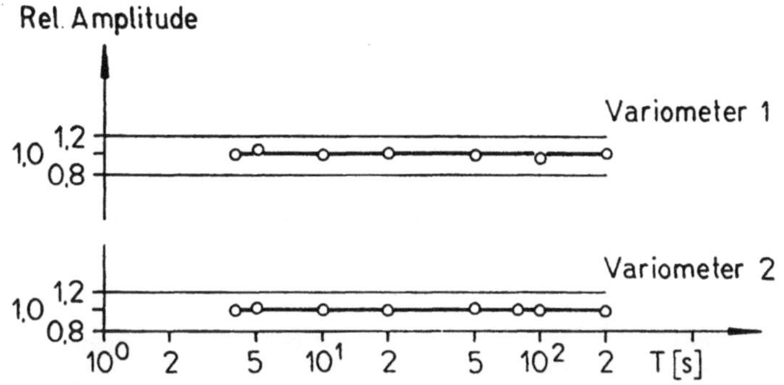

Abb. 17. Frequenzcharakteristik der Variometer für Perioden $T \geqq 5$ s;

Der Ausschlag an der Tellurikapparatur (Empfindlichkeitsstufe 1/10) beträgt dabei 55 mm/γ bei einem apparativ bedingten Rauschpegel von ± 0,5 mm

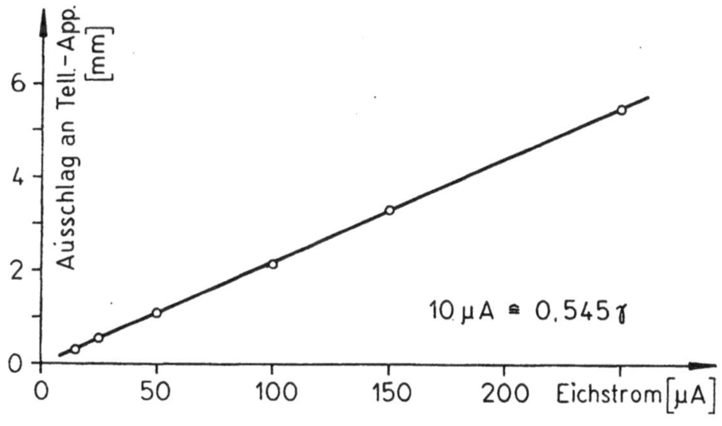

Abb. 18. Linearität des Variometerausschlages

eingerichtet und arretiert. Das Variometer trägt ein entsprechendes Gegenstück an seiner Unterseite. Es wird in den Stativkopf eingepaßt und verriegelt. Durch Drehen des Ablenkungsmagneten in den geomagnetischen Meridian erreicht man, daß der Lichtspalt die CdS-Fotowiderstände je zur Hälfte belichtet. Dies kann über eine Lupe von außen beobachtet werden. Abb. 20 zeigt das Variometer in Meßstellung.

Einen Vergleich der Pulsationsregistrierung mittels Spule — Verstärker — Anordnung und fotoelektrisch kompensierenden Variometern gibt Abb. 21. Man erkennt deutlich die phasenvoreilende Wirkung der Induktionsanordnung, ihr stärkeres

Abb. 19. Mikrovariometer im geöffneten Zustand

Abb. 20. Variometer in Meßstellung

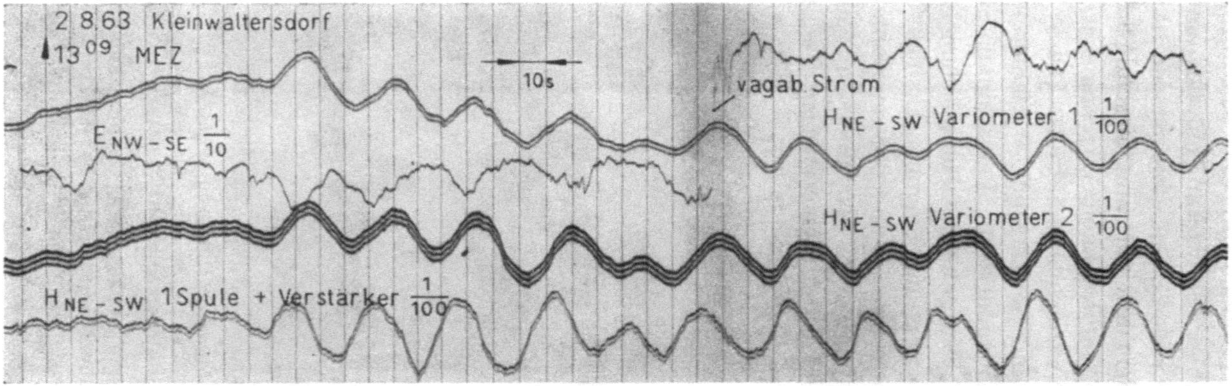

Abb. 21. Magneto-tellurische Pulsationsaufzeichnung mit fotoelektrisch kompensierenden Variometern, Spule – Verstärker – Anordnung und elektrischem Feld in dem durch vagabundierende Ströme stark verseuchten Gebiet von Freiberg.

Mittlere Periode der Pulsationen: 30 s
Mittlere Amplitude der Pulsationen: H: 1,3 γ, E: 20 mV/km

Anheben der kurzen Perioden und die Unempfindlichkeit gegenüber langperiodischen Schwankungen, die nur von den Variometern angezeigt werden. Das Beispiel der Abb. 21 soll zugleich zeigen, wie in dem durch vagabundierende Ströme stark verseuchten Gebiet von Freiberg keine Wirkung dieser Ströme in den magnetischen Variationen auftritt. Diese Beobachtungen konnten auch in anderen verseuchten Gebieten gemacht werden, so daß über die magnetischen Variationen entschieden werden kann, ob eine Schwingung des elektrischen Feldes zur magneto-tellurischen Auswertung geeignet ist oder nicht.

Eine zusammenfassende Darstellung der im Rahmen dieser Arbeit entwickelten Apparaturen zusammen mit der bereits abgeschlossenen Entwicklung der vierspurigen Tellurikanlage zeigt Abb. 22.

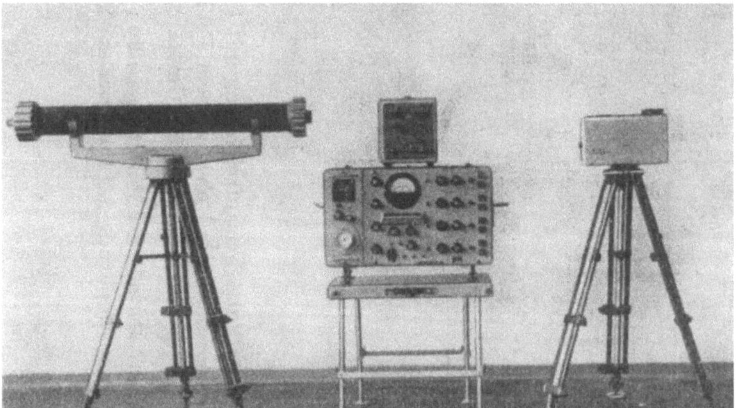

Abb. 22. Magneto-tellurische Anlagen

links: hochpermeable Induktionsspule auf Stativ

Mitte: 4spurige Tellurikapparatur des VEB Geophysikalischer Gerätebau Brieselang mit fotoelektrischem Verstärker der Akademiewerkstätten für Forschungsbedarf der DAW (für Spulenbetrieb)

rechts: Kompensationsvariometer auf Stativ

2.33 Rückspielanlage

Zur Umwandlung von elektrischen und magnetischen Komponenten-Aufzeichnungen in Vektordiagramme wurde eine Rückspielanlage entwickelt. Hierbei wird die auf dem Film vorhandene Schwingung über zwei Präzisionspotentiometer des VEB Carl Zeiss Jena in eine elektrische Schwingung zurückverwandelt, indem der Film von der Antriebswalze der Tellurik-Apparatur des Instituts für Angewandte Geophysik zwischen einem Fenster vorbeigezogen wird, wobei zwei Zeiger durch Drehung an entsprechenden Kurbeln auf den Spuren gehalten werden (Abb. 23).

Abb. 23. Rückspielanlage zur Umwandlung von magnetotellurischen 4-Komponenten-Aufzeichnungen in Vektordiagramme

Die Drehungen laufen auch über die Potentiometer, deren Schleifer dabei eine der mechanischen Auslenkung proportionale Spannung abgreifen und den Komponenten des Tellurik-Vektorschreibers [34] zuführen. Durch Shunts können dabei die unterschiedlichen Skalenwerte der Registrierspuren ausgeglichen werden.

2.4 Ergebnisse magneto-tellurischer Messungen auf der Insel Rügen

Über Untersuchungen des elektromagnetischen Erdfeldes im Norden der DDR wurde bisher von Wiese [52], Lengning [25], Thieme [47] und dem Verfasser [35] berichtet. Während die Untersuchungen der letzten beiden Autoren mit der tellurischen Methode praktischen Zwecken der Lokalisierung hochohmiger Zonen im Sedimentbereich dienten, haben die von Wiese durchgeführten magnetischen Baystörungsmessungen regionalen Charakter. Wiese gibt dabei die in Abb. 24 aufgeführte Darstellung für das Verhältnis der Vertikalkomponente zur Horizontalkomponente im Azimut senkrecht zum Streichen einer vermuteten Leitfähigkeitsanomalie. Da nur bei nicht-horizontalgeschichteten Medien magnetische ΔZ-Variationskomponenten vorhanden sind, ist ihr Auftreten besonders charakteristisch für horizontale Leitfähigkeitsunterschiede. Die auffälligste Erscheinung dieser „Norddeutschen Leitfähigkeitsanomalie" ist neben der Umkehrung der ΔZ-Variationen im Norden und Süden der DDR der kräftige ΔZ-Anstieg im Raum der Insel Rügen. Formal kann man dieser ΔZ-Anomalie ein annähernd Ost–West verlaufendes Stromsystem zuordnen, das auch in Erdstrommessungen auf sehr langen Linien (100 km) [25] und in den tellurischen Messungen von Thieme [47] angedeutet ist. Über die Teufenlage konnten erst systematisch durchgeführte magneto-tellurische Widerstandssondierungen Entscheidung bringen. Die seit Mitte 1963 vom VEB Geophysik unter Einsatz der beschriebenen Apparaturen in Norddeutschland in Zusammenarbeit mit dem Institut für Geodynamik

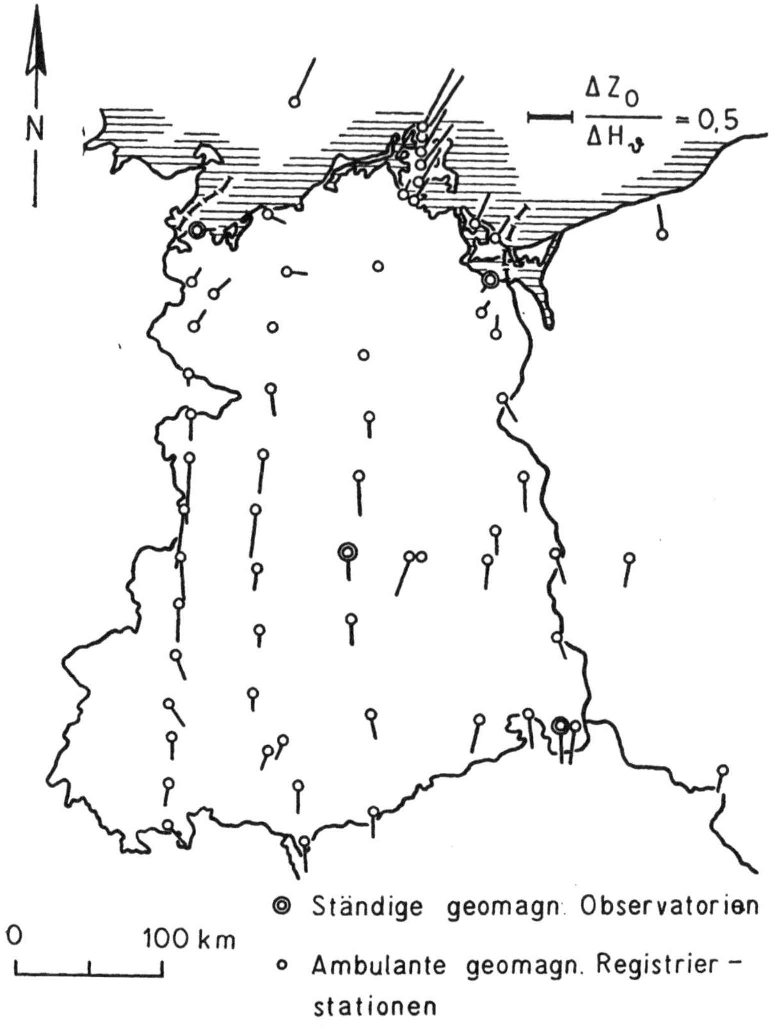

Abb. 24. Richtung und Größe des Verhältnisses $\Delta Z_0/\Delta H_\vartheta$ zur Zeit des Maximums in Z für Baystörungen mit einer Periode von 19–40 min in der DDR. Die Länge der Pfeile gibt die Größe des Verhältnisses an

ΔZ_0 = Amplitude der Vertikalintensität

ΔH_ϑ = Amplitude der Horizontalintensität im Azimut ϑ senkrecht zur Streichrichtung der Leitfähigkeitsanomalie (regional nur wenig veränderlich), umgezeichnet aus [52, Teil III]

durchgeführten magneto-tellurischen Sondierungen bieten dazu Gelegenheit.

Die folgenden Betrachtungen beschränken sich auf die Interpretation der Sondierungen im Raum der Insel Rügen, um daraus einige Schlußfolgerungen für die möglichen Ursachen der Leitfähigkeitsanomalie im norddeutsch-polnischen Raum abzuleiten.

2.41 Vorherrschende Feldrichtung und quantitativer Widerstandsverlauf auf der Insel Rügen

Auf der Insel Rügen wurden an 6 Punkten (Abb. 25) magnetotellurische Sondierungen im Periodenbereich von ca. 10 s bis 1 h durchgeführt. Gemessen wurden die Horizontal-Komponenten E_x, E_y, H_x, H_y in den auf der Abb. 25 angegebenen Azimuten. Die Bearbeitung der Magneto-Tellurogramme ergab eine z. T. beträchtliche Richtungskonstanz der Felder der magnetischen und elektrischen Variationen über ein großes Periodenspektrum. Die Darstellung von ausgewählten Schwingungen der Sondierung 3 (Neuenkirchen) in Vektordiagramm-Form (s. Kap. 2.2 und 2.33) zeigt dies deutlich (Abb. 26). Relativ zum magnetischen Vektordiagramm wird das elektrische Vektordiagramm mit wachsender Periode immer kleiner, behält aber die annähernde WNW–ESE-Richtung bei. Die nahezu senkrecht aufeinander stehenden Richtungen der elektrischen und magnetischen Felder sind für die einzelnen Meßpunkte in Abb. 25 als Mittelwerte über alle Perioden dargestellt. An den Stationen 3 und 4 ergab sich ein mittlerer Fehler des arithmetischen Mittels von $\pm 3°$. Bei der Aufgliederung in Periodenintervalle stellt man eine leichte Drehung der Richtungen im Uhrzeigersinn bei Übergang von kurzen auf lange Perioden fest. Die dargestellte Richtung an der Station 1 gilt nur für lange Perioden. Übereinstimmend mit den Ergebnissen von Wiese [52, Teil II und III] zeigen also auch die magnetotellurischen Messungen, daß die Ströme auf der Insel Rügen in annähernd ost–westlicher Richtung kanalisiert werden.

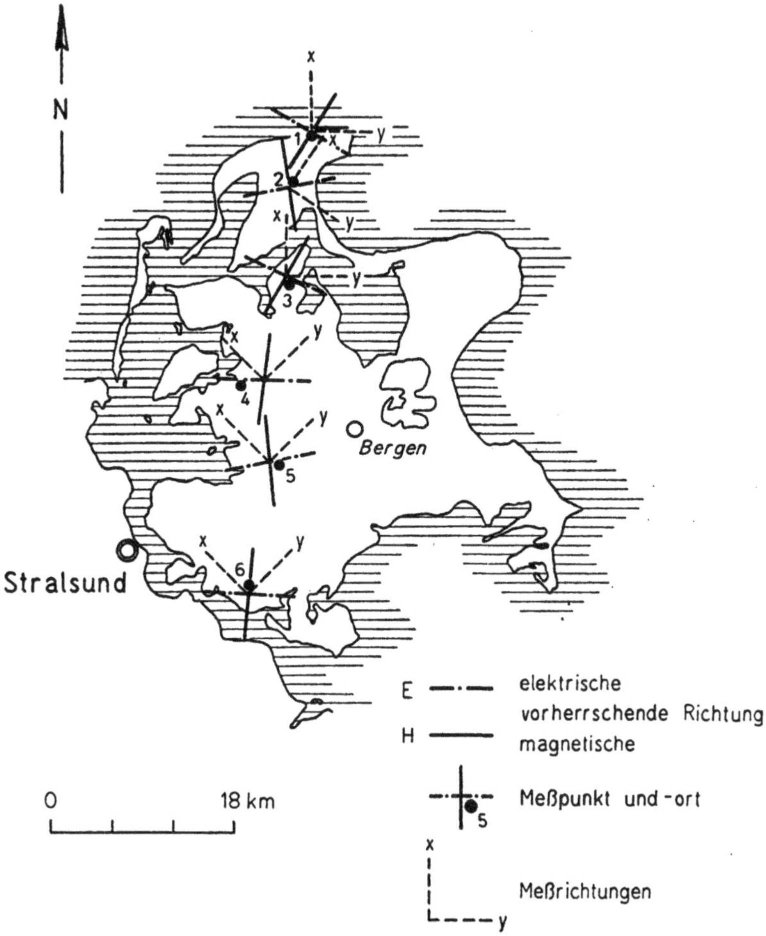

Abb. 25. Vorzugsrichtungen elektrischer und magnetischer Variationen auf der Insel Rügen

Meßpunkte: 1 Varnkevitz; 2 Altenkirchen; 3 Neuenkirchen; 4 Gingst; 5 Güttin; 6 Glutzow

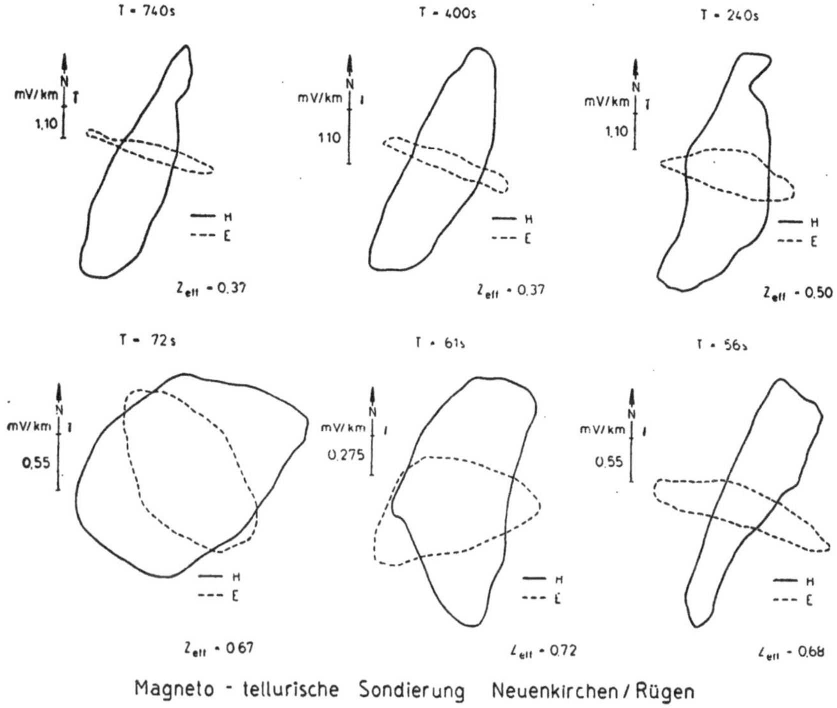

Abb. 26. Magneto-tellurische Sondierung Neuenkirchen/Rügen. Vektor-Darstellung einer magneto-tellurischen Sondierung

T = Periode
F = Flächeninhalt des Vektordiagramms
E [mV/km] = elektrische Feldstärke
H [γ] = magnetische Feldstärke
$Z_{\text{eff}} = \sqrt{\frac{F_E}{F_H}}$ = effektive Impedanz

Die Bearbeitung der Sondierungskurven erfolgte

1. nach den klassischen Auswerteformeln von CAGNIARD in den Azimuten x und y

$$\varrho_{sx} = 0{,}2 \cdot Z_x^2 \cdot T\,, \qquad Z_x = \frac{E_x}{H_y} \tag{55}$$

$$\varrho_{sy} = 0{,}2 \cdot Z_y^2 \cdot T\,, \qquad Z_y = \frac{E_y}{H_x}\,.$$

Die nach den Gl. (55) erhaltenen Sondierungskurven wurden nur gesondert dargestellt, wenn deutliche Anisotropieeffekte auftraten (vgl. Sondierungskurven 4, 5, 6). Man faßt die Ergebnisse beider Kurven zweckmäßig durch Bildung des geometrischen Mittels $\sqrt{\varrho_x \cdot \varrho_y}$ zusammen. Diese Kurven finden sich jeweils im linken Teil der Anlagen 1 bis 6 (vgl. auch Abb. 27).

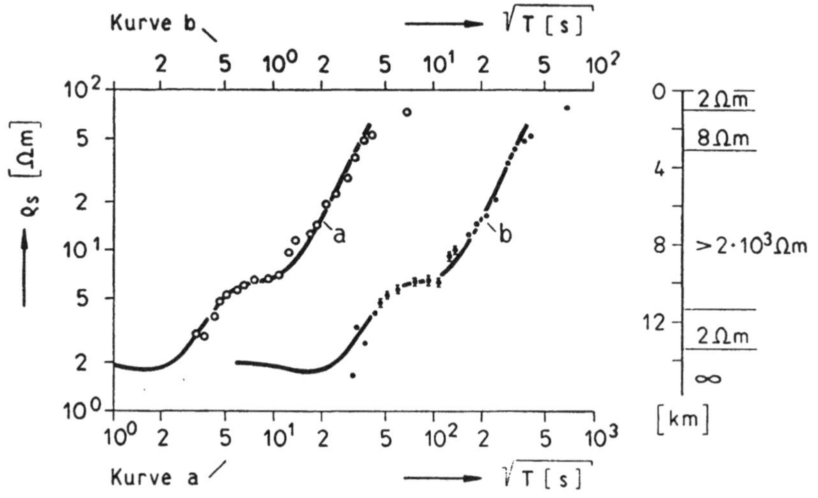

Abb. 27. Magneto-tellurische Sondierung bei Gingst/Rügen und Interpretation durch eine 5-Schichtkurve (dick ausgezogene Linie) mit den rechts angegebenen Teufen- und Widerstandsverhältnissen

ϱ_s = scheinbarer spezifischer Widerstand
T = Periode
⫯ = Mittlerer Fehler des arithm. Mittels

Kurve *a*: Geometrisches Mittel $\sqrt{\varrho_x \cdot \varrho_y}$ der scheinbaren spezifischen Widerstände in den Azimuten NW–SE (x) und NE–SW (y)
Kurve *b*: Scheinbarer spezifischer Widerstand im Azimut N 91° E der vorherrschenden Richtung des elektrischen Feldes

2. für das Azimut der vorherrschenden Richtung des elektrischen Feldes nach Kovtun [22]

$$\varrho_s = 0{,}2 \left(\frac{E_x^2 + E_y^2}{H_x^2 + H_y^2}\right) \cdot T . \tag{56}$$

Bei der ausgeprägten Kanalisierung der Variationen auf der Insel Rügen erwies sich diese Methode als besonders brauchbar. Die nach dieser Formel ermittelten Sondierungskurven finden sich im rechten Teil der Anlagen 1 bis 6 (vgl. auch Abb. 27).

3. nach dem im Kap. 2.2 und 2.33 beschriebenen Vektorverfahren

$$\varrho_s = 0{,}2 \cdot Z_{\text{eff}}^2 \cdot T \,, \qquad Z_{\text{eff}} = \sqrt{\frac{F_E}{F_M}} \,. \tag{57}$$

ϱ_s [Ωm]	= Scheinbarer spezifischer Widerstand
$Z \left(\frac{\text{mV/km}}{\gamma}\right)$	= Impedanz
E [mV/km]	= Elektrische Feldstärke
H [γ]	= Magnetische Feldstärke
F_E [(mV/km)^2]	= Fläche des elektrischen Vektordiagrammes
F_H [(γ)^2]	= Fläche des magnetischen Vektordiagrammes
T [s]	= Periode der Variationen

Die nach den Bearbeitungsmethoden 1., 2., 3. erhaltenen Impedanzen und Perioden wurden für folgende Periodenintervalle übergreifend gemittelt und dienten dann zur Berechnung der scheinbaren spezifischen Widerstände:

Periodenintervall [s]

5–10	36– 64	260– 460	1410–2500
7–12	49– 86	360– 620	1850–3240
10–16	64–116	460– 810	3240–5600
12–21	86–150	620–1040	
16–28	116–200	810–1410	
21–36	150–260	1040–1850	
28–49	200–360	1410–2500	

Die Sondierungskurven finden sich als Anlagen 1—6.

Die Sondierungen auf der Insel Rügen zeigen alle den durch das hochohmige Grundgebirge bedingten kräftigen Widerstandsanstieg, der durch einen treppenförmigen Absatz unterbrochen wird, wie ihn charakteristisch die in Abb. 27 dargestellte

Sondierung Gingst aufweist. Für diesen Widerstandsverlauf gibt es mehrere Deutungsmöglichkeiten, die durch bekannte geologische Fakten weitestgehend eingeengt werden können.

1. Eine starke Inhomogenität (verdeckter hochohmiger Horst) in horizontaler Richtung.
2. Eine ca. 30 km mächtige Zone mittlerer Leitfähigkeit ($\varrho \sim 25\ \Omega$m), zwischen ca. 1 km mächtigen gutleitenden ($\varrho \sim 1{,}5\ \Omega$m) Sedimenten im Hangenden und dem sehr schlecht ($\varrho_n \to \infty$) leitenden Fundament im Liegenden.
3. Einen Widerstandsverlauf, wie ihn der rechte Teil der Abb. 27 nach Interpretation als 5-Schicht-Kurve aus dem Atlas von Naake [31] zeigt.
4. Übergänge zwischen der Interpretation 2. und 3. sind denkbar, wobei sich die Grenzen der gutleitenden Zone innerhalb des hochohmigen Komplexes unter gleichzeitiger Zunahme ihres spezifischen Widerstandes nach oben und unten verschieben.

Nach der Interpretation 1. müßten sich die Meßpunkte 1—6 auf der Tiefscholle einer annähernd Nord-Süd streichenden Störung des hochohmigen Grundgebirges befinden, wofür aber die klassischen Aufschlußverfahren Magnetik, Gravimetrie und Seismik keinen Anhaltspunkt geben.

Nach der Interpretation 2. dürfte bis in Tiefen von 30 km kein eigentliches kristallines oder metamorphes Grundgebirge mit geschlossenem Porenraum zu erwarten sein, was ebenfalls geologischen Vorstellungen widerspricht.

Die Interpretation 3. kann sich in ihrem Anfangsteil (bis 2000 m) auf die Ergebnisse der elektrischen Bohrlochmessungen auf der Insel Rügen stützen (s. Tab. 2) und wird als die wahrscheinlichste angesehen. Danach hat man im Bereich der Insel Rügen die mesozoischen Schichten mit einem spezifischen Längswiderstand von 1,5—2,5 Ωm anzusetzen, während das ältere Paläozoikum einen spezifischen Längswiderstand von 7—10 Ωm aufweisen dürfte. Eine wesentliche Änderung des letzteren Wertes ist nur bei Vorhandensein noch nicht erbohrter gut- oder schlechtleitender Schichten an der Basis des sedimentären Komplexes zu erwarten.

TABELLE 2

Ergebnisse der Auswertung elektrischer Bohrlochmessungen auf der Insel Rügen

	Geologische Formation	Spezifischer Längswiderstand ϱ_e [Ωm]
TB 1	Pleistozän bis Rotliegendes	2,4 – 2,7
	Ordovizium	10 – 14
TB 2	Pleistozän bis Oberkarbon	2,2 – 2,4
	Unterkarbon	7 – 9
TB 3	Pleistozän bis Unterer Buntsandstein	2,1 – 2,4
	Zechstein	7 – ∞
	Rotliegendes	4 – 7

Die Abschätzung der spezifischen Längswiderstände des Sedimentpaketes bis zu einem hochohmigen Fundament mit geschlossenem Porenraum ($\varrho > 2 \cdot 10^3$ Ωm) ergibt danach Werte von 5 Ωm für Nordrügen und 3 Ωm für Südrügen. Für die dazwischen liegenden Punkte wurde mit einem gleitenden Leitfähigkeitsansatz gerechnet. Charakteristisch ist die gutleitende Zone im hochohmigen Krustenbereich, für die eine Leitfähigkeit von 2 Ωm zugrunde gelegt wurde.

Wie aus Abb. 28 deutlich ersichtlich ist, verschieben sich die Sondierungskurven von Nordrügen nach Südrügen zu niedrigeren Widerstandswerten. Hier gelingt es sofort, zwei Längsleitfähigkeitswerte S_1 und S_2 abzulesen (vgl. Formel (10) und (13)), wobei S_2 die Längsleitfähigkeit der Sedimente bis zum hochohmigen Grundgebirge und $\Delta S = S_1 - S_2$ die Längsleitfähigkeit der gutleitenden Schicht in der Erdkruste ist. Bei Annahme einer konstanten Leitfähigkeit dieser Zone ist ΔS ein kritisches Maß für die Mächtigkeit dieser Zone.

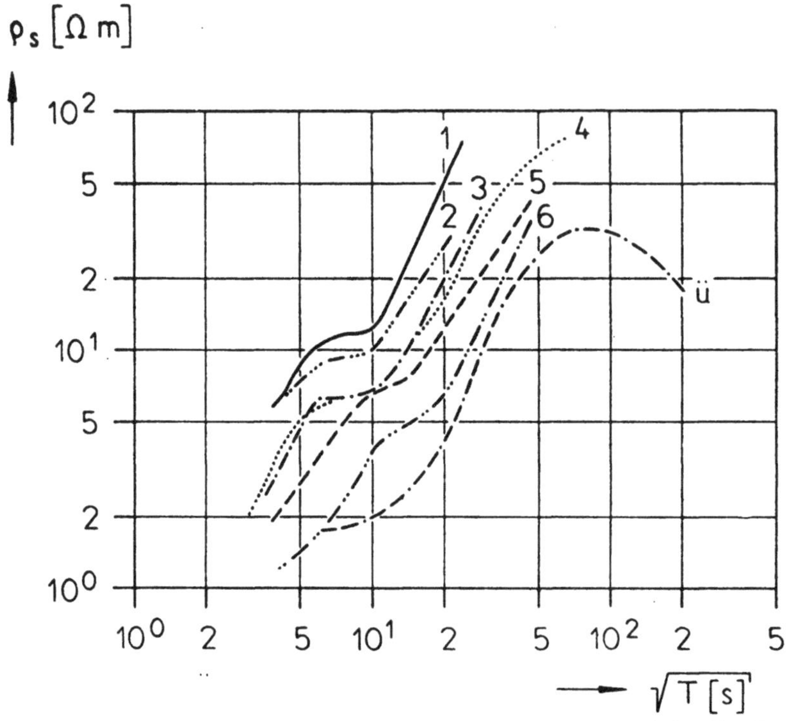

Abb. 28. Zusammenstellung der Sondierungskurven auf der Insel Rügen im Azimut der vorherrschenden Stromrichtung (E–W) mit charakteristischem Widerstandsabfall von N (1) nach S (6)
Vergleichsweise wurde die E–W-Sondierungskurve Ückermünde [52, Teil I] mit aufgenommen

Abb. 29 gibt in einem N–S-Schnitt durch die Insel Rügen eine Zusammenstellung des Verlaufs der Längsleitfähigkeitswerte S_1 und S_2, die nach der Beziehung (14) aus S_2 mit dem gleitenden Ansatz für den spezifischen Längswiderstand ermittelte Teufe bis zum hochohmigen Grundgebirge, die aus 5-Schichtkurven ermittelte Teufenlage der gutleitenden Zone im Erdmantel und die aus $\Delta S = S_1 - S_2$ ermittelte Mächtigkeit dieser Zone. Vergleichsweise wurden dazu die Ergebnisse von Schweremessungen [46], magnetischen Messungen [24] und von Messungen der magnetischen Vertikalkomponente des den

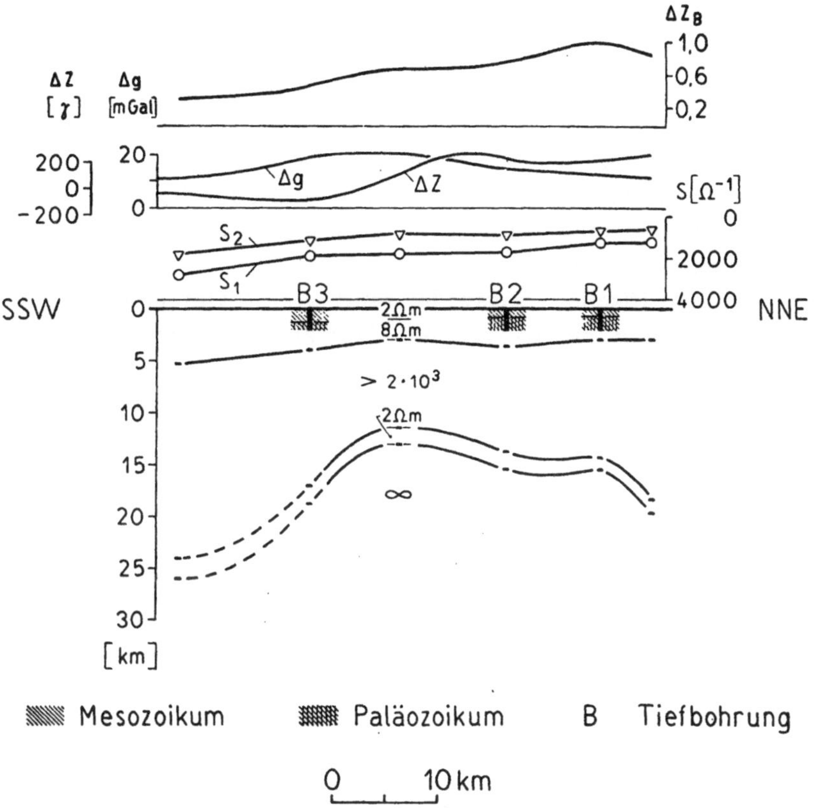

Abb. 29. Ergebnisse der magneto-tellurischen Messungen auf der Insel Rügen im Vergleich zu Bohrergebnissen und zu den Ergebnissen der Gravimetrie [46], Magnetik [24] und von Baystörungsmessungen [52]

ΔZ = Magnetische Vertikalintensität
Δg = BOUGUER-Schwerestörung
S = Längsleitfähigkeit
ΔZ_B = relativer Verlauf der Vertikalkomponente von Baystörungen

Baystörungen zugehörigen E–W-Stromsystems [52, Teil II und III] eingetragen.

Die magneto-tellurischen Messungen zeigen einen Abfall des hochohmigen (kristallinen oder metamorph überprägten) Grundgebirges von N nach S und das Vorhandensein einer gutleitenden Schicht im tieferen Krustenbereich. Diese Schicht, deren Teufenlage sich wegen der starken Anisotropie der Sondierungskurven im Süden der Insel Rügen nur unsicher bestimmen läßt, steigt von Süden nach Norden bis in eine Teufe von ca. 11 km auf und taucht dann nach Norden allmählich wieder ab. Es darf vermutet werden, daß diese Schicht an einen basischen Tiefenkörper gekoppelt ist, auf dessen Existenz auch aus den magnetischen und gravimetrischen Meßbildern geschlossen werden kann.

Der spezifische Längswiderstand von 2 Ωm erscheint bei Ausschließung elektrolytischer Leitfähigkeit für die relativ geringe Teufe von 11 km recht niedrig. Man könnte hier an die Anreicherung gewisser unter erhöhten Temperaturbedingungen stehenden Mineralmodifikationen mit Halbleiterfähigkeit denken. Auch eine Ausscheidung von Magneteisenstein mit seiner nach Formel (2) eingehenden erhöhten magnetischen Permeabilität kann zur Diskussion gestellt werden.

Den im Sedimentbereich und innerhalb des hochohmigen Grundgebirgskomplexes angetroffenen gutleitenden Zonen kann man die Stromsysteme der Baystörungen zuordnen, deren Wirkung man unter Vernachlässigung des Skineffekts mit um 90° gedrehten gravimetrischen Auszähldiagrammen bei vorgegebenem Relief der Sedimentschicht und der gutleitenden Schicht in der Kruste abschätzen kann.

2.42 Deutungsmöglichkeiten des norddeutsch-polnischen Baystörungs-Stromsystems nach magneto-tellurischen Messungen

Die magneto-tellurisch ermittelten Längsleitfähigkeitswerte erreichen im Süden der Insel Rügen Werte von

$S_2 = 1770\ \Omega^{-1}$ für das Sedimentpaket bis zum hochohmigen Grundgebirge und

$\Delta S = 980\ \Omega^{-1}$ für die gutleitende Schicht in der tieferen Erdkruste.

Schon hier kann man abschätzen, daß etwa 2/3 der den Baystörungen zugeordneten Stromanteile aus dem gutleitenden

Sedimentbereich stammen dürften. Für die magnetische Wirkung auf den Meßpunkt kommt noch hinzu, daß das verbleibende Reststromsystem in der tieferen Erdkruste auf Grund seiner größeren Teufenlage eine geringere magnetische Wirkung ausübt, als die im Sedimentbereich fließenden Ströme.

Die Auswertung der magneto-tellurischen Sondierungen auf dem Profil bis in den Zentralteil des Pritzwalker Massivs [11] erbrachten eine weitere ständige Zunahme der Längsleitfähigkeit bis auf Werte von ca. 4500 Ω^{-1} bei Werten des spezifischen Längswiderstandes von 2 Ωm, was einem Abtauchen der gutleitenden Sedimentschicht bis auf Tiefen von 8—10 km gleichkommt. Eine in der Form der Sondierungskurven erkennbare Wirkung der gutleitenden Krustenschicht verschwindet dabei mehr und mehr.

Auch die Abschätzung nach Formel (12) zeigt, daß für das bis in den Bereich der Baystörungen reichende Periodenintervall im Zentrum der Norddeutsch-Polnischen Senke in erster Linie eine Wirkung der gutleitenden Sedimente in Frage kommen dürfte. Selbst wenn man im Gebiet der magnetischen und gravimetrischen Anomalien des Pritzwalker Massivs eine ähnliche gutleitende Schicht im Krustenbereich wie auf der Insel Rügen annimmt, bleibt die Hauptwirkung auf die Sedimente beschränkt.

Unter diesem Gesichtspunkt wurde versucht, die aus Veröffentlichungen von WIESE [52], SCHMUCKER [45] und JANKOWSKI [18] verfügbaren relativen ΔZ-Werte von Baystörungen in einer einheitlichen Karte zusammenzustellen. (Abb 30). Diese Karte gilt nur in erster Annäherung, da die Bearbeitungen der einzelnen Autoren auf verschiedenen Auswertemethoden beruhen. So mußte für den Bereich der DDR angenommen werden, daß die Horizontalfeldanteile der Baystörungen gegenüber den Vertikalfeldanteilen weitestgehend konstant sind. Für den polnischen Raum wurde eine Abhängigkeit der ΔZ-Werte von den Primärfeldrichtungen der Baystörungen festgestellt.

Die Karte zeigt, daß das Zentrum des Stromsystems, charakterisiert durch die Zone verschwindender ΔZ-Komponenten,

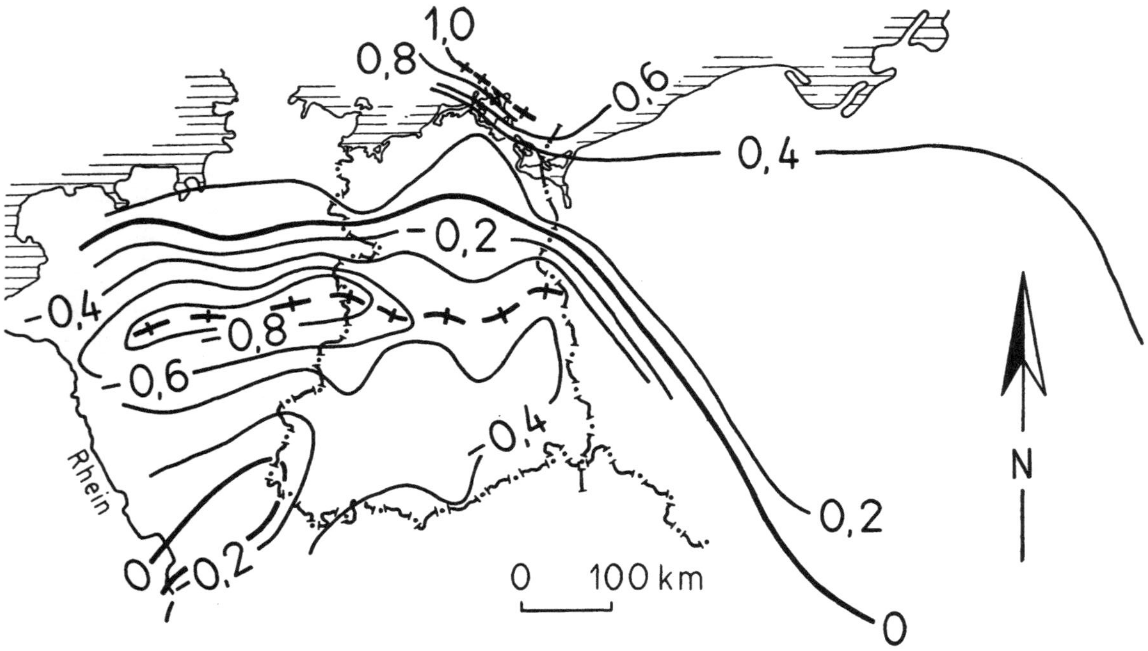

ΔZ (Baystörungen)

Abb. 30. Zusammenstellung der Vertikalkomponenten (ΔZ) von erdmagnetischen Baystörungen mit Normierung auf den Höchstwert im Norden der Insel Rügen, nach Veröffentlichungen von WIESE [52], SCHMUCKER [45] und JANKOWSKI [18]

-+- -+- = Kammzone hoher $|\Delta Z|$-Werte; — 0 — = Zone verschwindender Z-Werte;

-|—|-|—| = Staatsgrenzen

im Bereich der größten Tiefen des Norddeutsch-Polnischen Sedimentationsbeckens verläuft. Die Ränder des Sedimentationsbeckens im Bereich der DDR sind übereinstimmend mit geologischen Fakten im Gebiet der größten ΔZ-Komponenten zu suchen, also im Norden der Insel Rügen und im Gebiet des Mitteldeutschen Hauptabbruches.

2.5 Nutzung der Ergebnisse der Arbeit

Die durchgeführten apparativen und methodischen Entwicklungen auf dem Gebiet der Magneto-Tellurik gestatten eine Anwendung dieser Methode in der DDR. Die bei den Sondierungen in Norddeutschland angetroffenen Widerstands-Tiefenverhältnisse liefern eine Abschätzung des notwendigen Periodenintervalls für eine Kartierung der Längsleitfähigkeit des Sedimentpaketes bis zum hochohmigen Grundgebirge. Dabei kann bei einer flächenhaften Aufnahme (Karte der Längsleitfähigkeit 1:500000) auf die langwierigen Sondierungen verzichtet werden und nach der Beziehung (13) für Perioden < 500 s innerhalb des „Intervall S (Formel (12))" die Längsleitfähigkeit berechnet werden. Die Messungen müssen durch eine Bearbeitung aller in Norddeutschland verfügbaren elektrischen Bohrlochmessungen ergänzt werden, um daraus einen Ansatz der spezifischen Längswiderstände für die Umwandlung der Längsleitfähigkeitswerte in Teufenwerte zu gewinnen.

Starke Mächtigkeitszunahmen des hochohmigen Zechsteinsalzes können eine Aufwölbung des hochohmigen Grundgebirges vortäuschen und müssen deshalb unter Benutzung bekannter reflexionsseismischer Ergebnisse eliminiert werden.

Einen groben regionalen Überblick über die Struktur der Norddeutsch-Polnischen Senke kann man bereits der Karte der Vertikalkomponenten der Baystörungen entnehmen.

Im Rahmen des Internationalen Upper-Mantle-Projects kann ein Beitrag der Magneto-Tellurik zur Verfolgung gutleitender

Zonen im oberen Erdmantel im Komplex mit seismischen Messungen erhofft werden. Hierbei dürften allerdings nur Gebiete mit relativ geringen Sedimentationsmächtigkeiten (Beispiel Rügen) oder noch besser fehlender Sedimentation (Freiberger Beispiel) geeignet sein.

Danksagung

Für die ständige Förderung der Arbeiten auf dem Gebiet der Magneto-Tellurik gilt mein besonderer Dank meinem verehrten Lehrer, Herrn Prof. Dr. phil. O. MEISSER, Direktor des Institutes für Geodynamik Jena der Deutschen Akademie der Wissenschaften zu Berlin und Direktor des Instituts für Angewandte Geophysik der Bergakademie Freiberg.

Dem VEB Geophysik, und hier vor allem dem Trupp-Personal des Magneto-Tellurik-Trupps unter Leitung von Herrn Dipl.-Geoph. SACHWEH, wird für seinen tatkräftigen Einsatz bei der Einführung der erarbeiteten Grundlagen in die Feldpraxis gedankt. Der VVB Erdöl–Erdgas wird für die Genehmigung zur Veröffentlichung der Bohrergebnisse auf Rügen gedankt.

Mein Dank gilt weiterhin den Angehörigen des Instituts für Geodynamik Jena und des Instituts für Angewandte Geophysik Freiberg, die mich auf Teilgebieten bei der Durchführung der Arbeit unterstützten Hier seien besonders die Herren Dipl.-Geoph. SACHWEH, Dipl.-Geoph. RAUCH, cand. geophys. ENGELMANN, cand. geophys. NAAKE, Ing. MIERSCH, Ing. WENK und Feinmechaniker-Obermeister HEINITZ genannt.

Das Institut für metallische Spezialwerkstoffe Dresden der DAW stellte für die Herstellung der Magnetscheiben Vicalloy-Versuchsmaterial zur Verfügung, wofür ihm ebenfalls Dank ausgesprochen wird.

2.6 Veröffentlichungen und Berichte während der Durchführung der Arbeit

2.61 Veröffentlichungen

1. PORSTENDORFER, G. und THIEME, H., Ergebnisse ultratiefer Sondierungen der Erdkruste mit elektrischen und elektromagnetischen Methoden. Bergakademie **13** (1961) 11, S. 700–705.
2. PORSTENDORFER, G., Tellurische und magneto-tellurische Messungen mit neuentwickelten Apparaturen bei der Erkundung tiefliegender Erdölstrukturen in Mecklenburg. Bergakademie (1962) 2, S. 61–65.
3. PORSTENDORFER, G., Der Stand der Magneto-Tellurik in der Sowjetunion. Bergakademie (1963) 3, S. 235–242.
4. PORSTENDORFER, G., Magneto-Tellurik über nicht horizontalgeschichteten Medien. Berichte d. Geol. Ges. i. d. DDR **9** (1964) 4, S. 679–687.
5. PORSTENDORFER, G., Magneto-tellurische Untersuchungen unter Verwendung hochpermeabler Spulen. Freib. Forschungsh. C 174 (1965), S. 91–108.
6. PORSTENDORFER, G., Rückschlüsse auf den Verlauf des hochohmigen Grundgebirges in Norddeutschland aus Variationen des natürlichen elektromagnetischen Erdfeldes. Monatsberichte der DAW Berlin **6** (1964) 7, S. 543–547.

2.62 Berichte

1. PORSTENDORFER, G., Bericht über eine Reise zum Geophysikalischen Laboratorium der Ung. Akad. d. Wiss. Sopron/Ungarn vom 9. bis 16. 11. 61. Arbeitsstelle für Praktische Geophysik Freiberg der DAW (1. 12. 61).
2. PORSTENDORFER, G., Bericht über eine Studienreise nach Moskau und Leningrad über den Problemkreis „Magneto-Tellurik" vom 4.–26. 9. 62. Arbeitsstelle für Praktische Geophysik Freiberg der DAW (15. 10. 62).
3. PORSTENDORFER, G., Abschlußbericht zum Forschungsthema „Einführung der Tellurik und Magneto-Tellurik für die Erdölprospektion

in der DDR". Arbeitsstelle für Praktische Geophysik Freiberg der DAW (10. 2. 63).
4. PORSTENDORFER, G., Abschlußbericht zum Forschungsthema „Einführung des tellurischen Meßprinzips bei der Ausnutzung vagabundierender Ströme im Bergbau". Arbeitsstelle für Praktische Geophysik Freiberg der DAW (10. 2. 63).
5. PORSTENDORFER, G., Bericht über magneto-tellurische Messungen auf der Insel Rügen. Arbeitstelle für Praktische Geophysik Freiberg der DAW (20. 1. 64).

Literaturverzeichnis

[1] ADAM, A., Magnetotellurikus Anizotrópia (Magneto-tellurische Anisotropie). Magyar Geofizika III (1962) 1—2, S. 69—80.

[2] ADAM, A., und VERÖ, J., Az orzágos földiárammérések adatainak feldolgozása és térkéri abrázolása (Bearbeitung und Kartendarstellung der Daten der regionalen tellurischen Messungen). Magyar Geofizika III (1962) 1—2, S. 81—90.

[3] BERDIČEVSKIJ, M., Magnitotelluričeskogo pole v gorizontal'no-neodnorodnoj srede (Das magneto-tellurische Feld über horizontal-inhomogenen Medien). Prikl. Geof. Vyp. **31** (1961), S. 136—164.

[4] BERDIČEVSKI, M., und BRJUNELLI, B., Teoretičeskie predposylki magnito-telluričeskogo profilirovanija (Theoretische Grundlagen der magneto-tellurischen Profilierung). Izvest. Akad. Nauk SSR (1959) 7, S. 1061—1069.

[5] BERDIČEVSKIJ, M., und NIKITENKO, K., Metodika opredjelenija stratigrafičeskoj prinadljeznostik opornogo gorizonta v metodje telluričeskich tokov (Die Methode der Bestimmung der stratigraphischen Zugehörigkeit des Stützhorizontes in der Methode der tellurischen Ströme). Prikladnaja Geofisika, Vyp. **33** (1962), S. 102—123.

[6] BRJUNELLI, B., Vysokočuvstvitel'nye H-magnitometr (Ein hochempfindliches H-Magnetometer). Elektromagn. zondr. i magnitotellur. metody razv., Leningrad (1963), S. 152—156.

[7] CAGNIARD, L., Principe de la méthode magneto-tellurique nouvelle méthode de prospection géophysique (Prinzip der magneto-tellurischen Methode, einer neuen Methode der geophysikalischen Prospektion). Annales de Geophysique, Tome **9**, 2 (1953), S. 95—125.

[8] CHAN, LU So, The Planning of Apparatures for the Recording of Geomagnetic Pulsations. Annales Univ. Scient. Budapest **4** (1961), S. 39—58.

[9] D'ERCEVILLE, J., und KUNETZ, G., The Effect of a Fault on the Earth's Natural Electromagnetic Field. Geophysics **27** (1962) 5, S. 651—665.

[10] ECKARDT, D., LASNER, J., und MADDEN, T., Long Period Magnetic Fluctuations and Mantle Electrical Conductivity Estimates. J. Geophys. Res., Richmond **68** (1963) 23, S. 6279–6286.

[11] ENGELMANN, D., Magneto-tellurische Messungen in Norddeutschland. Diplomarbeit 1964 am Inst. f. Angew. Geophys. der Bergakademie (nicht veröffentlicht).

[12] FELDTKELLER, R., Spulen und Übertrager. Stuttgart 1949.

[13] FLEISCHER, Ein Erdstrom im tieferen Untergrund Norddeutschlands während magnetischer Baystörungen. Naturwissenschaften **5** (1954), S. 114–115.

[14] FOURNIER, H., De quelques remarques a propos des courbes d'investigation et de sondage magnéto-telluriques actuellement connues (Einige Bemerkungen zu den augenblicklich vorliegenden magneto-tellurischen Forschungen und Sondierungskurven). Acta Technica Academiae Scientiarum Hungaricae Tom. **43** (1963), Fasc. 3–4, S. 453–466.

[15] FOURNIER, H., La spectrographie directionelle magneto-tellurique a Garchy (Nièvre) (Die magneto-tellurische Richtungsspektrographie in Garchy (Nièvre)). Annals de Géophysique, Tome **19** (1963) 2, S. 138–148.

[16] GREEN, A., und LIST, B., The Use of a Total Field Magnetometer in the Magneto-Telluric Method of Vertical Resistivity Profiling. Journ. Geophys. Research **68** (1963) 3.

[17] JAESCHKE, R., Registrierung von Pulsationen im südlichen Niedersachsen als Beitrag zur erdmagnetischen Tiefensondierung. Mitteilung aus dem Max-Planck-Inst. für Aeronom. Nr. **12** (1963), 38 S.

[18] JANKOWSKI, J., und KRÓLIKOWSKI, C., Ozmianach korótkookresowych ziemskiego pola magnetycznego na terenie Polski (Über Anomalien des kurzperiodischen Erdmagnetfeldes auf polnischem Gebiet). Acta Geoph. Polon., Warszawa **10** (1962) 3, S. 281–289.

[19] KALENOVA, E., Novye metody električeskoj razvedki na neft' i gaz (Neue Methoden der elektrischen Erkundung auf Öl und Gas). Gostoptechizdat 1963, 145 S.

[20] KEYSER, A., RICE, J., und SCHAERER, L., A Metastable Helium Magnetometer for Observing Small Geomagnetic Fluctuations. Journ of Geophys. Res. **66** (1961) 12, S. 4163–4169.

[21] KOLMAKOV, M., und ZEMLENCOV, J., O konstrucii inducionnych datčikov dlja magnitotelluričeskich issledovanij (Über die Konstruktion von induktiven Gebern für magneto-tellurische Untersuchungen). Izv. Akad. nauk SSSR, Ser. geof., Moskva (1962) **10**, S. 1381–1396.

[22] KOVTUN, A., Magnitotelluričeskie issledovanija sloisto-neodnorodnych structur (Magneto-tellurische Untersuchungen geschichteter

inhomogener Strukturen). Izv. Akad. nauk SSSR (1961) 11, S. 1663–1667.

[23] KUNETZ, G., und D'Hoeraene, J., Der Skineffekt in der tellurischen Prospektion. Vortrag auf dem Berg- u. Hüttenmännischen Tag Freiberg 1963 Freib. Forschungsh. C 174 (1965).

[24] LAUTERBACH, R., Beiträge zur tektonischen Deutung der geomagnetischen Übersichtskarte der DDR. Wiss. Zeitschr. d. Karl-Marx-Univ. Leipzig, Jg. 3, Math.-Nat. Reihe Heft 3 (1953/54).

[25] LENGNING, K., Analysis of registrations of the Geoelectric Potential Gradient. International Upper Mantle Project, Los Angeles 1964, S. 88.

[26] LIPSKAJA, N., Kolebanija podvižnogo magnita kvarzevogo mikrovariometra, nachodjaščegosja v pole kolec Gel'mgol'ca obratnoj svjazi (Schwingungen des beweglichen Magneten des Quarz-Mikrovariometers im Feld einer Helmholtz-Rückkopplungsspule). Voprosy teorii i praktiki elektrometrii, Moskva (1961), S. 32–40.

[27] MEISSER, O., Praktische Geophysik. Dresden (1943), S. 125–126, 206.

[28] MEISSER, O., Die Spannbandmagnetnadel. Geofisica Pura e Appl. 19 (1951).

[29] MEISSER, O., und JUNG, H., Magnetische Prospektorgeräte. Geofisica Pura e Appl. 19 (1951), S. 1–19.

[30] MIERSCH, G., Konstruktion einer optischen Anlage für ein Fotozellen-Kompensationsmagnetometer zur Messung kleinster Magnetfledvariationen bis zur 10^{-7} Oe bei Perioden >1 s. Ingenieurarbeit 1963 an der Ing.-Schule für Feinwerktechnik Jena (nicht veröffentlicht).

[31] NAAKE, L., Die Programmierung geohpysikalischer Auswerteprobleme an gravimetrischen, magneto-tellurischen und tellurischen Beispielen. Diplomarbeit 1964 am Institut für Angew. Geophysik der Bergakademie Freiberg (nicht veröffentlicht).

[32] OBUCHOV, G., Zadača o magnito-telluričeskom pole v neodnorodnom sloe (Die Aufgabe des magneto-tellurischen Feldes in inhomogenen Schichten). Prikl. Geofis., Vyp. 35 (1962), S. 70–79.

[33] OSWALD, H., und STRAUBEL, H., Ein einfacher lichtelektrischer Verstärker. Z. f. Angew. Phys. einschl. Nukleonik 9 (1957) 9, S. 438–442.

[34] PORSTENDORFER, G., Tellurik – Grundlagen, Meßtechnik und neue Einsatzmöglichkeiten. Freiberger Forschungsh. C 107 (1961), 186 S.

[35] PORSTENDORFER, G., Tellurische und magneto-tellurische Messungen mit neuenetwickelten Apparaturen bei der Erkundung tief-

liegender Erdölstrukturen in Mecklenburg. Bergakademie **2** (1962), S. 61–65.
[36] PORSTENDORFER, G., Der Stand der Magneto-Tellurrik in der Sowjetunion. Bergakademie **8** (1963), S. 235–242.
[37] PORSTENDORFER, G., und THIEME, H. G., Ergebnisse ultratiefer Sondierungen der Erdkruste mit elektrischen und elektromagnetischen Methoden. Bergakademie **11** (1961) 13, S. 700 –705.
[38] RAUCH, K., Experimentelle Untersuchungen zur Magneto-Tellurik mit neuentwickelten Apparaturen. Diplomarbeit 1962 am Inst. f. Angew. Geoph. der Bergakademie Freiberg (nicht veröffentlicht).
[39] RIKITAKE, T., YOKOYAMA, J., und HISHIYAMA, Y., A Preliminary Study on the Anomalous Behavior of Geomagnetic Variations of Short Period in Japan and its Relation to the Subterranean Structure. Bull. Earthquake Res. Inst. Tokyo Univ. **30** (1950), S. 207–220.
[40] SACHWEH, H., Magneto-tellurische Meßtechnik und Auswertung. Diplomarbeit 1963 am Inst. f. angew. Geophys. der Bergakademie Freiberg (nicht veröffentlicht).
[41] SAMAL, E., Statik der Spannbandlagerung. ATM 273 (1958), S. 213–216.
[42] SAMOJLENKO, V., Vysokočuvctvitel'nyi H-magnitometr AMT-1 (Das hochempfindliche H-Magnetometer AMT-1). Elektromagn. Zondir. i magnito-tellur. metod. razvedki. Izdat. Leningrad Univ. (1963), S. 165–170.
[43] SCHEUBE, H. G., Erdmagnetische Tiefensondierung. Askania-Werke, Heft **61** (1963), 11 Seiten.
[44] SCHMIDT, A., Der hochkoerzitive Magnet als Meßelement in Verbindung mit lichtelektrischen Anzeige- und Regelorganen. Geomagnetismus u. Aeronomie, Band II, S. 171. VEB Dt. Verlag d. Wiss., Berlin 1960.
[45] SCHMUCKER, U., Erdmagnetische Tiefensondierungen in Deutschland 1957/59. Magnetogramme und erste Auswertung. Abh. d. Akad. d. Wiss. in Göttingen Mathem.-Phys. Klasse, Heft **5** (1959), 51 S.
[46] SIEMENS, G., Die Schwerekarte der DDR. Freiberger Forschungsh. C 7 (1955).
[47] THIEME, H. G., Probleme und Erfolge der Tellurik bei der Erkundung hochohmiger Antiklinalstrukturen in der DDR. VEB Dt. Verl. f. d. Grundstoffind. (1963), 117 S.
[48] TICHONOV, A., Ob opredelnii električeskich charakteristik glubokich sloev zemnou kory (Über die Ermittlung der elektrischen Charakteristik von Schichten der Erde). Dokl. Akad. Nauk SSSR **78** (1950), S. 295–297.

[49] Tichonov, A., Lipskaja, N., Deniskin, N., Nikiforova, N., und Lomakina, S., Ob elektromagnitnom zondirovanii glubakich sloev zemli (Über die elektromagnetische Sondierung tiefer Schichten der Erde). Dokl. Akad. Nauk SSSR (1961) Tom. **140**, No. 3, S. 587–590.

[50] Tichonov, A., Lomakina, Z., und Schachsuvarov, D., Impedansov dlja sloistogo prostranstva v polje ploskoj elektromagnitnoj volni (Tabellen der Impedanz für geschichtete Medien im Felde ebener elektromagnetischer Wellen). Izdatelstvo Moskovskogo Universiteta (1962).

[51] Wiese, H., Erdmagnetische Baystörungen und ihr heterogener im Erdinnern induzierter Anteil. Zeitschr. f. Meteorologie **2/3** (1954), S. 77–79.

[52] Wiese, H., Geomagnetische Tiefentellurik, Teil I. Geofisica Pura e Applic. **51** (1962/I), S. 59–78;
Geomagnetische Tiefentellurik, Teil II. Geofisica Pura e Applic. **52** (1962/II), S. 83–103;
Geomagnetische Tiefentellurik, Teil III. Geofisica Pura e Applic. **56** (1963/III), S. 101–114.

Anlagenverzeichnis

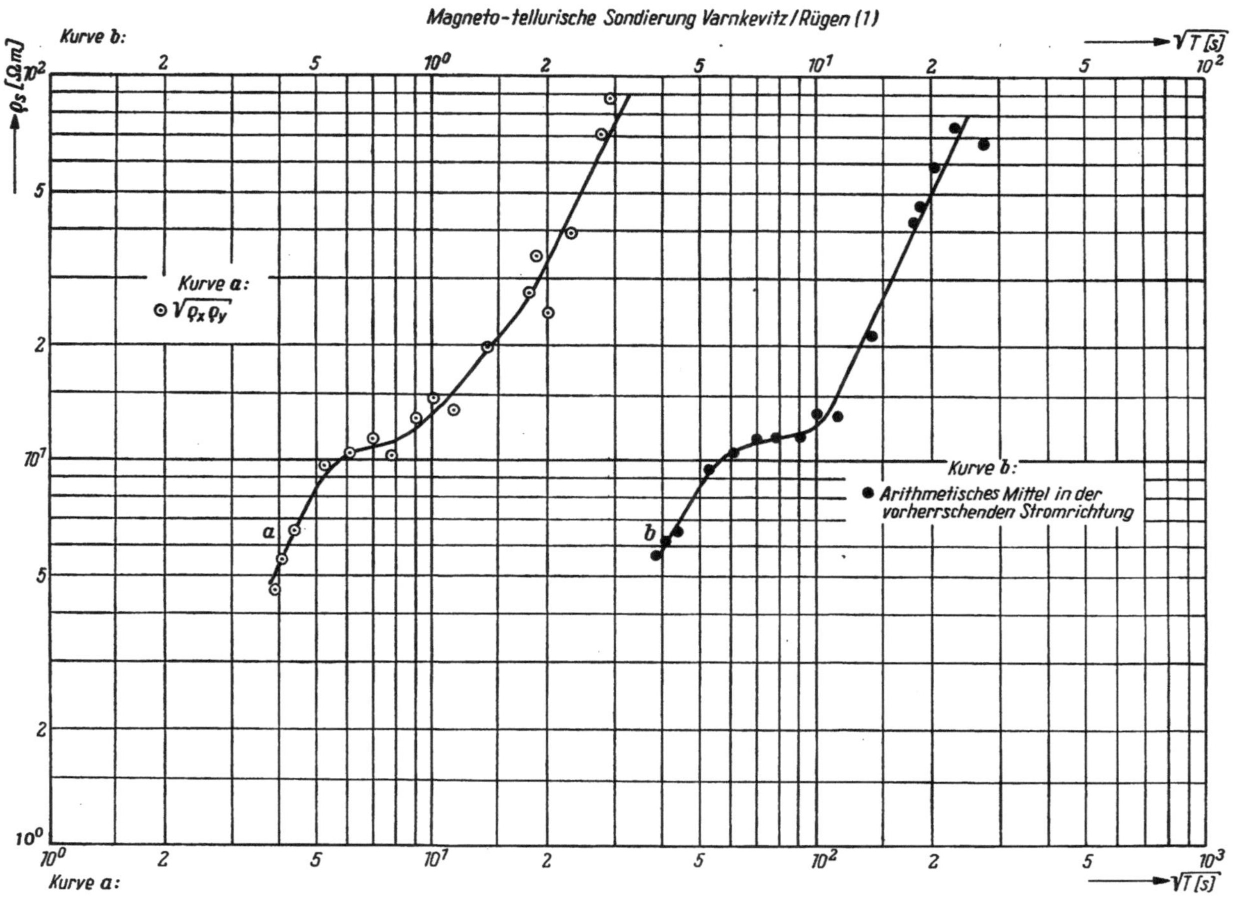

Anlage 1

Porstendorfer

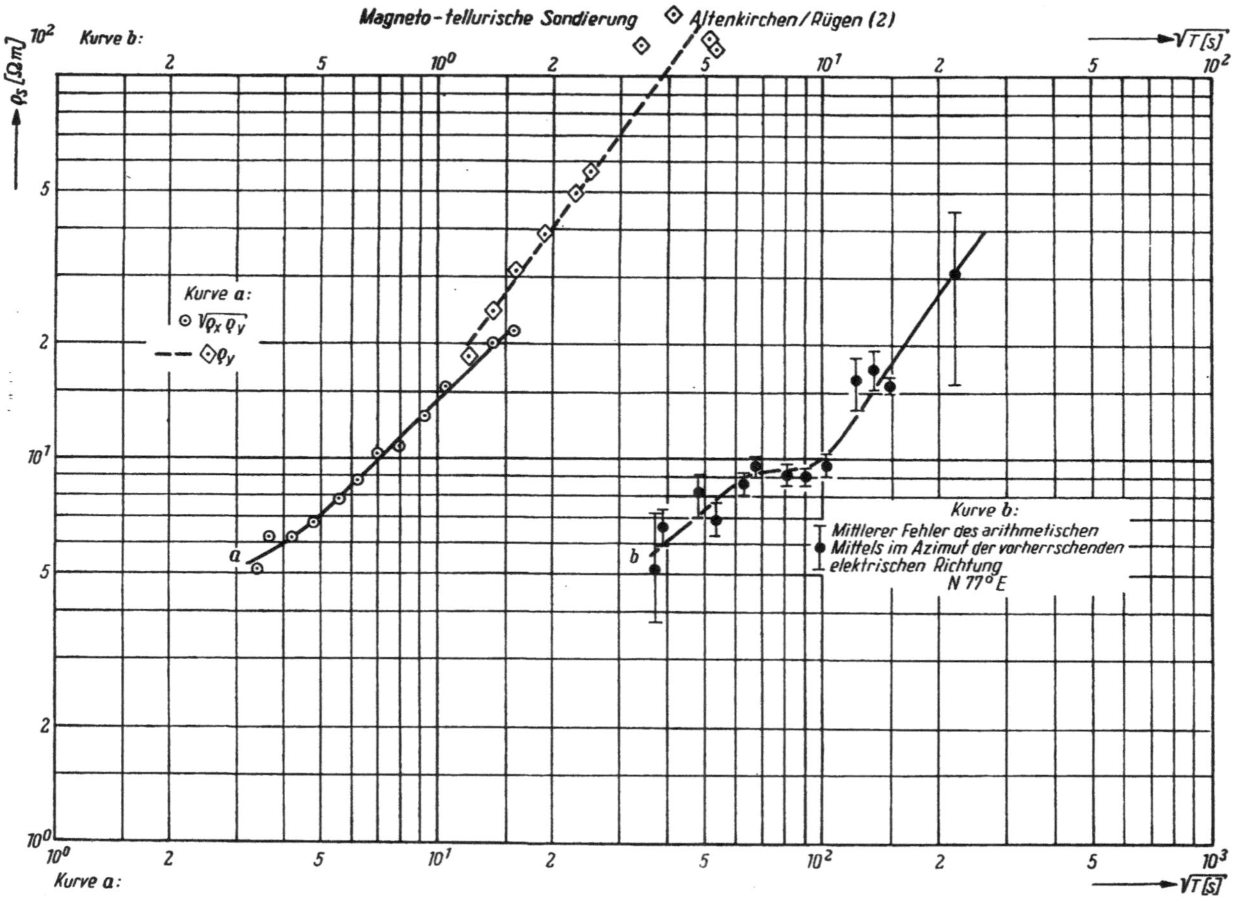

Anlage 2

Porstendorfer

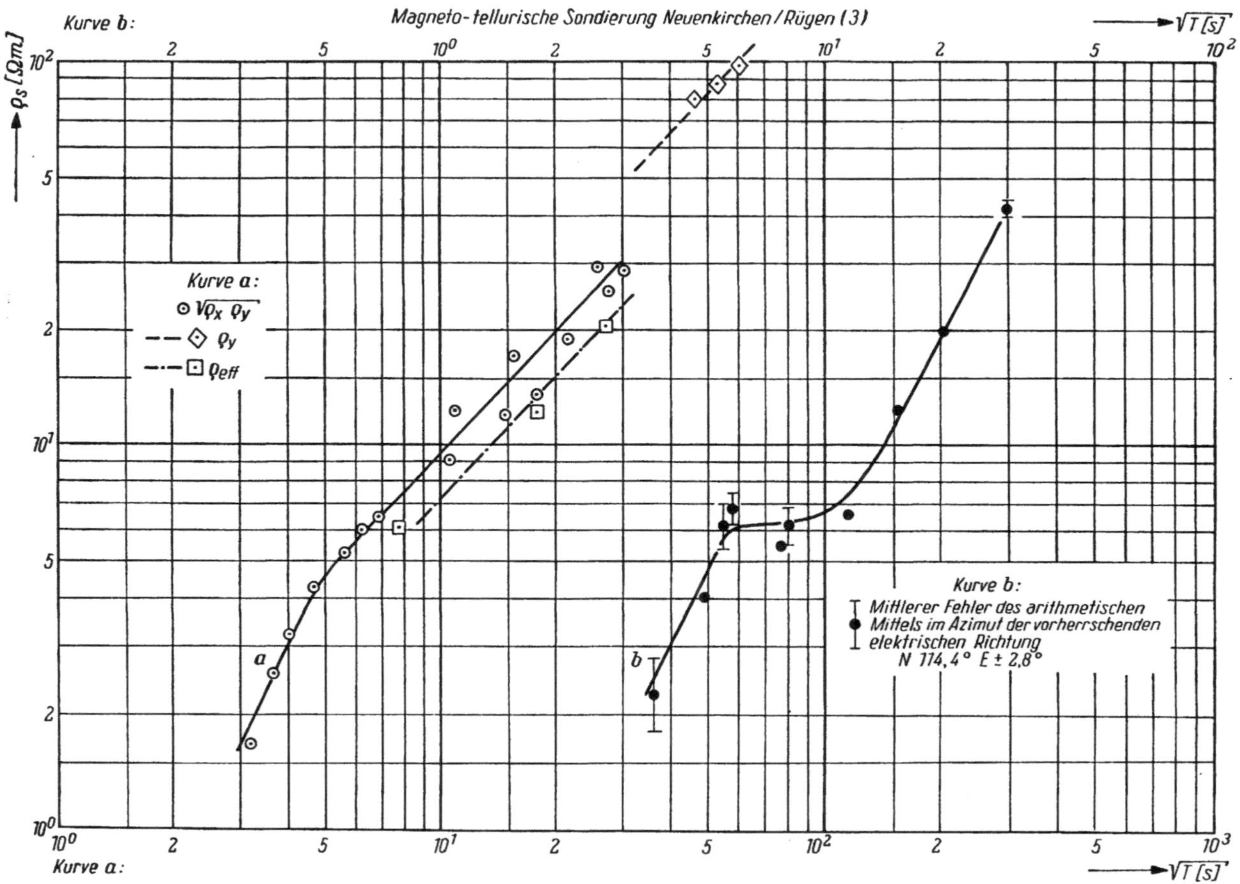

Anlage 3

Porstendorfer

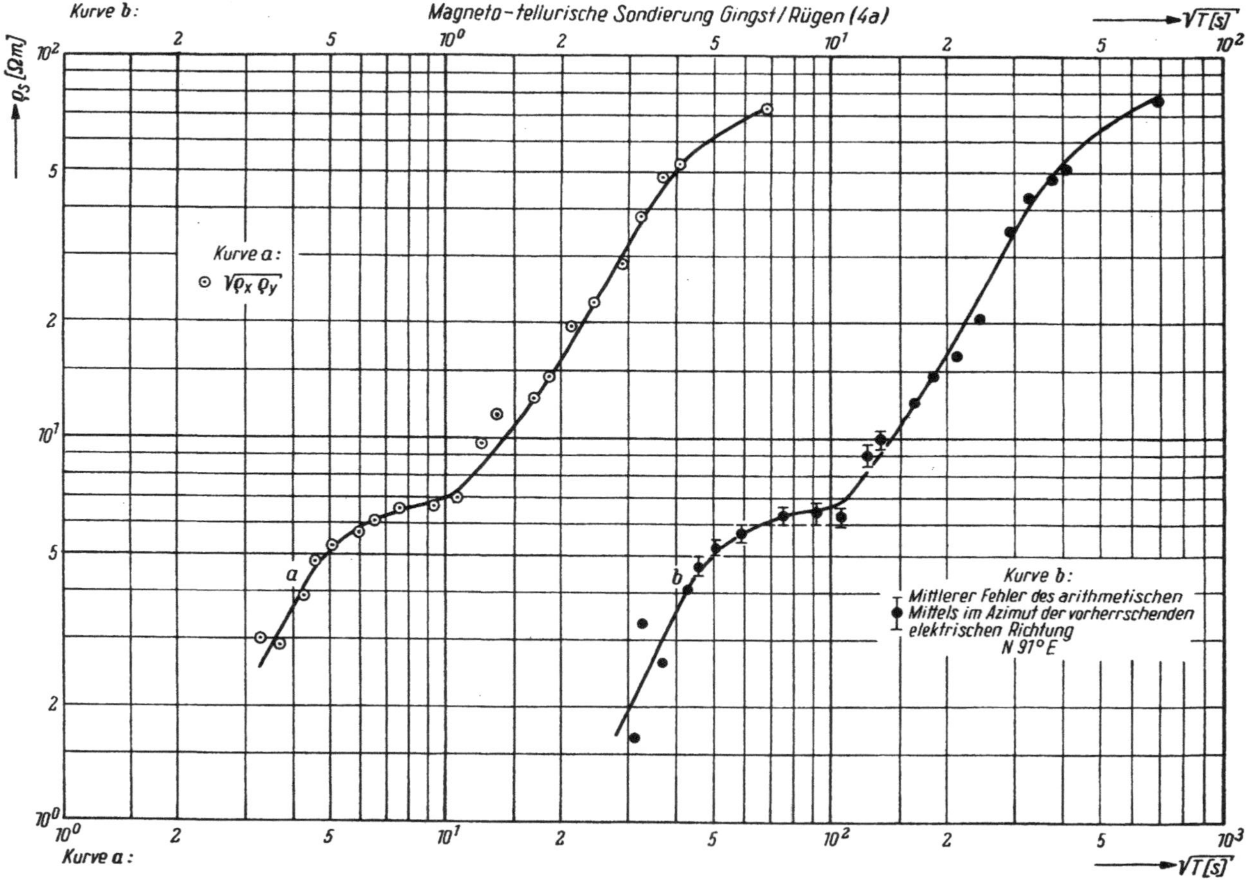

Anlage 4 a

Porstendorfer

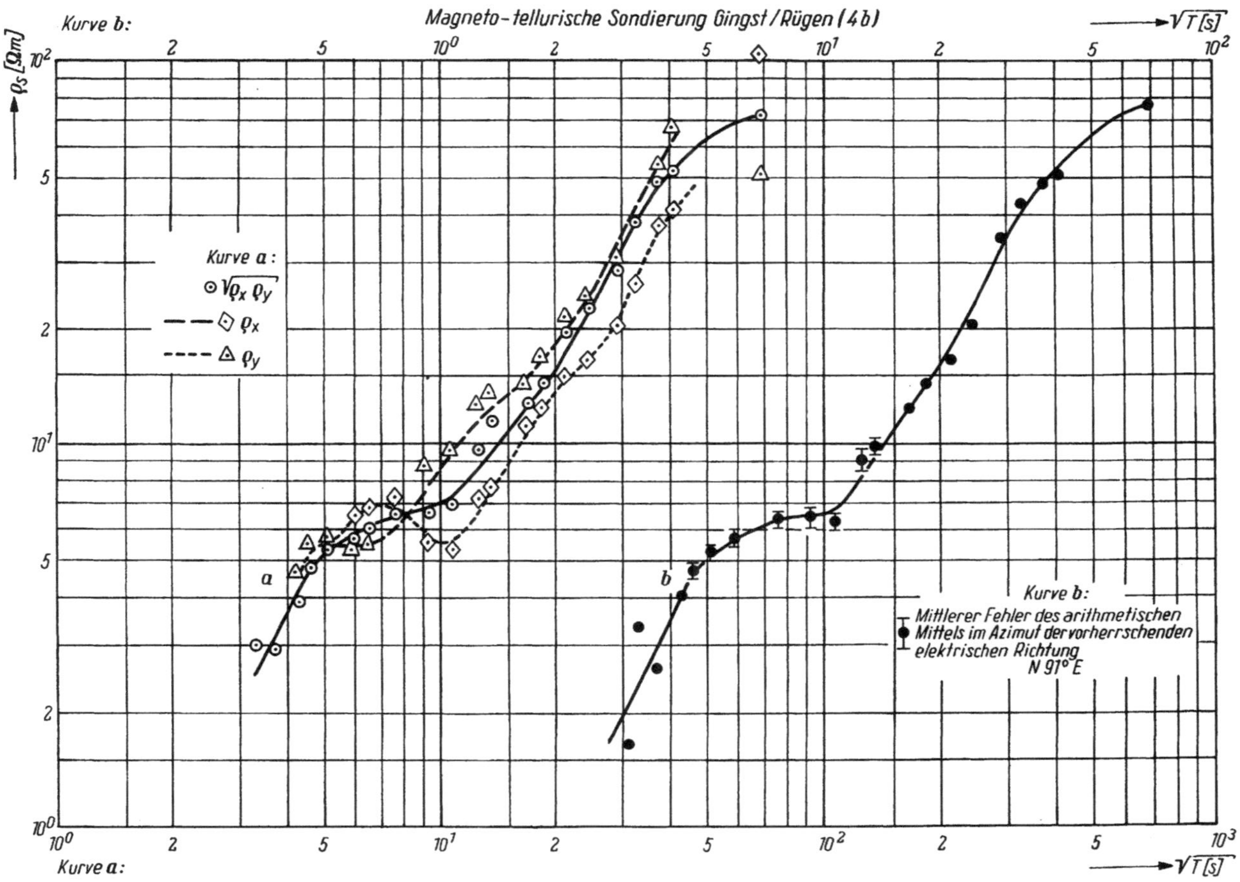
Magneto-tellurische Sondierung Gingst / Rügen (4 b)
Kurve b:
$\sqrt{T}$ [s]
ρ_s [Ωm]
Kurve a:
$\sqrt{\rho_x \rho_y}$
ρ_x
ρ_y
a
b
Kurve b:
Mittlerer Fehler des arithmetischen Mittels im Azimut der vorherrschenden elektrischen Richtung
N 91° E
Kurve a:
$\sqrt{T}$ [s]

Anlage 4 b

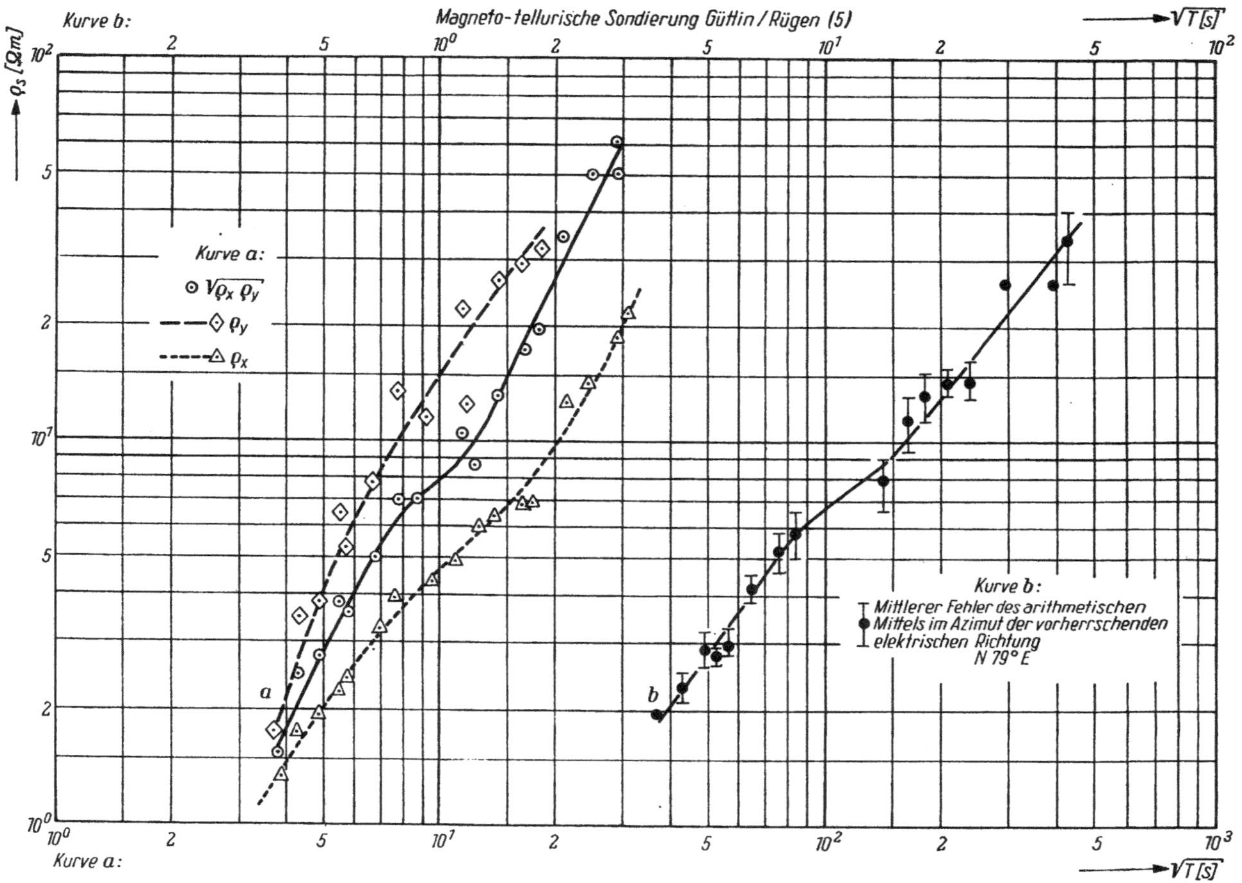

Anlage 5

Porstendorfer

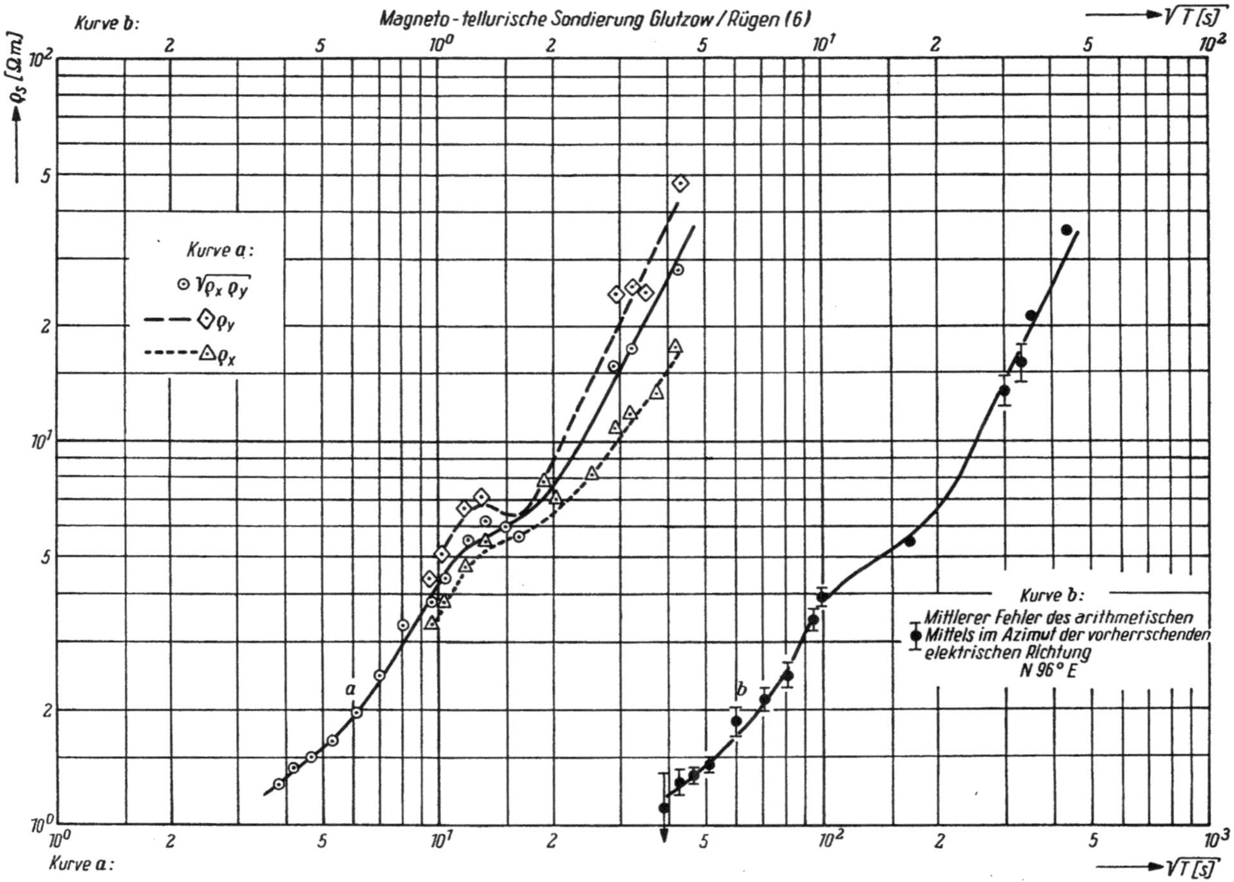

Anlage 6

Porstendorfer

Bei Fragen zur Produktsicherheit wenden Sie sich bitte an:
If you have any questions regarding product safety,
please contact:

Walter de Gruyter GmbH
Genthiner Straße 13
10785 Berlin
productsafety@degruyterbrill.com